Raymond Smullyan

スマリヤン
不完全性定理
【改訳版】

GÖDEL'S
INCOMPLETENESS THEOREMS

高橋昌一郎　監訳

川辺治之　　訳
村上祐子

丸善出版

Gödel's Incompleteness Theorems, First Edition

by

Raymond M. Smullyan

Gödel's Incompleteness Theorems, First Edition was originally published in English in 1992. This translation is published by arrangement with Oxford University Press. Maruzen Publishing Co., Ltd. is solely responsible for this translation from the original work and Oxford University Press shall have no liability for any errors, omissions or inaccuracies or ambiguities in such translation or for any losses caused by reliance thereon.

To Blanche

序

　ゲーデルの不完全性定理に関するこの入門書は，数学・哲学・情報科学の専門家ばかりでなく，この定理に関心を持つ一般読者を対象として書かれている．読者は 1 階述語論理の記号（結合子と量化子）の用法と，論理式の妥当性を識別する程度の予備知識があれば，本書を十分理解できるはずである．大学では，標準的な数理論理学のコースにおいて，本書の内容をすべてカバーすることも容易だろう．

　本書が取り上げた証明は，著しく単純なものばかりである．不完全性定理のすべての証明の中で最も単純なもの（このことは，一般読者だけでなく，専門家に声を大にして言いたい）は，もちろんタルスキーの真理集合に基づく証明であり，本書でもまず最初にこれを紹介する．従来から標準的に用いられてきた他のさまざまな方法と比較しても，タルスキーの方法は驚くほど簡潔であり，あまり広く知られていないことが不思議である．［この種の証明は，Mostowski [1952] にも見られるが，Quine [1940] の最終章は，より本書の方針に近い内容である．］

　第 I 章では，ゲーデルの証明の基礎概念を簡単な機械言語を用いて例証し，ゲーデルのオリジナル論文に従って，不完全性定理の抽象形式を考察する．ここでは，ごく標準的な性質を持つ数学的体系が，どのような意味でゲーデルの議論の対象になるのかを示す．続く各章では，いくつかの特定の数学的体系を具体的に形式化し，それらが事実，第 I 章で述べた標準的な性質を持つことを立証する．

　第 II 章では，加法・乗法・べき乗に基づく算術におけるタルスキーの定理を証明する．第 III 章では，加法・乗法・べき乗に基づく公理的算術について，ゲーデルの不完全性定理の最初の証明を行う．第 IV 章では，より標準的な，加法・乗法のみに基づくペアノ算術における不完全性定理を証明する．すでに

述べたように，これらの証明は，タルスキーの真理集合を用いるため，非常に単純になっている．［論旨を簡単に言えば，証明可能性は算術的だが真理性は算術的ではなく，よって，これらが合致しないことを示すわけである．］これらの証明が単純化されたもう1つの理由は，モンタギューとカリッシュによる1階述語論理の公理系を用いた点である．この公理化によって，従来の算術的代入規則が不必要になっている．［後の章に登場する問題では，より標準的な公理化においても，証明を単純化する方法を示す．］

　次に，一般によく知られる，真理概念を用いない不完全性定理の証明に目を向ける．第V章では，ω無矛盾性に基づくゲーデルのオリジナル論文による証明を，また第VI章では，単純無矛盾性に基づくロッサーの証明を行う．これらの結論を確立する際にも，従来の帰納的関数ではなく，Smullyan [1961] で紹介した構成的算術の関係を用いる．この関係が形式体系において定義可能であることは容易に証明され，したがって，ゲーデルの定理およびゲーデル・ロッサーの定理の証明も単純化される．また，（通常用いられている）メタ数学的な関係を表す特性関数の代わりに，関係自体の表現可能性を直接示したことも，単純化のもう1つの要因である．

　第VI章の終わりまでに，読者は，ペアノ算術における不完全性定理の3種類の証明を行うことになる．それぞれの証明が，それ自体で興味深いことはもちろんだが，他の証明に見られない事実を表していることも明らかになるだろう．これらの証明が示す3種類の異なる方向は，注意深く比較検討される．純粋な直接性と単純性の観点においては，ゲーデル・タルスキーの証明が最高作であろう．しかし，ゲーデルの第2不完全性定理への応用のためには，ゲーデルのオリジナル論文による証明が必要となる．また，ロッサーの証明が指示する方向には，クリーネによるゲーデルの定理の双対形式や，一般帰納性と決定可能性の関係について新しい問題（本書の続編の中心課題）が生じている．

　第VII章では，Shepherdson [1961] による表現定理と分離定理を証明する．これらの定理は必ずしも後の章に必要ではないが，あまりにも魅力的な帰結（本書の続編でも重要な役割を果たす）であるため，1章を割り当てた．この章は，一般読者はもちろん，専門家にも新たな関心（たとえば，シェファードソンの定理の強化や，ロッサーの決定不可能な文の変形について）を引き起こす

のではないかと思う.

第VIII章では,第IX章でゲーデルの第2不完全性定理とレーブの定理を証明するために必要な準備として,いくつかのテクニカルな話題を扱い,不動点定理を証明する.第X章では,証明可能性と真理性に関する一般概念と,Askanas [1975] による興味深い帰結を検討する.最後の第XI章(ちょっとしたデザート)は,おなじみの論理パズルと第X章までに証明した結果を組み合わせて再考する.また,Boolos [1979] が巧みに構成した(Smullyan [1987] でも非形式的に扱った)最近の様相論理学の発展との関係についても考察する.

本書は,基本的に不完全性定理の入門書であることをすでに述べたが,同時に続編『メタ数学のための帰納理論』(*Recursion Theory for Metamathematics*) の入門書としての役割を果たすように構成されている.続編では,不完全性と帰納的決定不可能性の興味深い相関関係が探求される.

多くの有益な助言を与えてくれた Dana Scott, Anil Gupta, Perry Smith, そして私の学生 Peter Harlan, Suresh Srivinas, Venkatesh Choppella に感謝したい.

目　　次

第 **I** 章　ゲーデルの証明の基礎概念 ……………………………………… **1**

  I.　ゲーデルの定理とタルスキーの定理の抽象形式　　5

  II.　言語 $\mathscr{L}$ における決定不可能な文　　12

第 **II** 章　算術におけるタルスキーの定理 ……………………………… **17**

  I.　言　　語　$\mathscr{L}_E$　　17

    §1.　構 文 論 の 基 礎　　17

    §2.　言語 $\mathscr{L}_E$ における真理概念　　21

    §3.　算術的$_E$ および算術的な集合と関係　　22

  II.　連結とゲーデル符号化　　24

    §4.　b を底とする連結　　24

    §5.　ゲーデル符号化　　26

  III.　タルスキーの定理　　28

    §6.　対角化とゲーデル文　　28

第 **III** 章　べき乗に基づくペアノ算術における不完全性 ……………… **33**

  I.　公理体系 $\mathscr{P.E.}$　　33

    §1.　公理体系 $\mathscr{P.E.}$　　33

  II.　公理体系の算術化　　35

    §2.　基 礎 概 念　　36

    §3.　体系 $\mathscr{P.E.}$ の構文論の算術化　　39

    §4.　体系 $\mathscr{P.E.}$ におけるゲーデルの不完全性定理　　43

viii 目　　次

第 IV 章　　べき乗に基づかない算術 ································· **47**

I.　公理体系 $\mathscr{P}.\mathscr{A}.$ における不完全性定理　47

　　§1.　基　礎　概　念　47

　　§2.　Σ　関　　　係　48

　　§3.　素数を底とする連結　50

　　§4.　有限集合の補助定理　53

　　§5.　定理 E の証明　55

　　§6.　ペアノ算術における不完全性定理　58

II.　Σ_1　関　　　係　59

第 V 章　　ω 無矛盾性に基づくゲーデルの証明 ··············· **67**

I.　不完全性定理の抽象形式　69

　　§1.　不完全性定理の基礎　69

　　§2.　ω 無矛盾性の補助定理　73

II.　Σ_0　完　全　性　79

　　§3.　基　礎　概　念　79

　　§4.　ペアノ算術における Σ_0 完全な部分系　82

　　§5.　体系 $\mathscr{P}.\mathscr{A}.$ における不完全性　86

　　§6.　体系 $\mathscr{P}.\mathscr{A}.$ の ω 不完全性定理　88

第 VI 章　　ロ ッ サ ー 体 系 ································· **91**

　　§1.　ロッサーの不完全性定理の抽象形式　92

　　§2.　一 般 分 離 定 理　94

　　§3.　ロッサーの決定不可能な文　98

　　§4.　ゲーデル文とロッサー文の比較　100

　　§5.　分　　離　　性　102

第 VII 章　　シェファードソンの表現定理 ··············· **105**

　　§1.　シェファードソンの表現定理　105

目　　次　　　　　　　　　ix

　　§2.　完全分離ロッサー体系　　111
　　§3.　ロッサーの決定不可能な文の変形　　115
　　§4.　シェファードソンの定理の強化　　118

第VIII章　定義可能性と対角化 ……………………………………… **119**

　　§1.　定義可能性と完全表現可能性　　119
　　§2.　体系 $\mathscr{S}$ における関数の強い定義可能性　　121
　　§3.　体系 $(\mathscr{R})$ における帰納的関数の強い定義可能性　　123
　　§4.　ゲーデル文と不動点　　126
　　§5.　真　理　述　語　　128

第IX章　無矛盾性の証明不可能性 ……………………………………… **131**

　　§1.　証 明 可 能 述 語　　131
　　§2.　無矛盾性の証明不可能性　　133
　　§3.　ヘンキン文とレーブの定理　　135

第X章　証明可能性と真理性に関する一般概念 ………………… **139**

第XI章　自 己 言 及 体 系 ……………………………………………… **145**

　Ⅰ.　自己について推論する論理学者　　145
　　§1.　タルスキー・ゲーデルの定理の類推　　146
　　§2.　正常型かつ安定型の1型推論者　　147
　　§3.　ロッサー型の推論者　　150
　　§4.　無矛盾性の問題　　152
　　§5.　自己充足信念とレーブの定理　　154
　Ⅱ.　一般状況における不完全性定理　　156
　Ⅲ.　G 型 体 系　　160
　Ⅳ.　様 相 体 系　　164

参 考 文 献　　169　　　監訳者あとがき　　171　　　索 引　　175

第 I 章

ゲーデルの証明の基礎概念

本書では，算術の公理体系における不完全性定理のさまざまな証明を研究する．
1931 年にゲーデルがオリジナル論文で証明したのは，公理的集合論の不完全性定
理だったが，その方法は，公理的算術に対しても同様に適用することができる．公
理的算術の不完全性定理は，実際には，より強力な帰結であり，その証明から公理
的集合論の不完全性定理を簡単に導くことができる．

ゲーデルは，彼の記念すべき論文を次の驚くべき言葉で書き始めている．

高度な厳密性を追究して発展する数学においては，その大部分が形式
化され，少数の機械的な規則に基づいて証明を行うことができるよう
になった．現在，最も包括的な形式的体系は，一方ではラッセルとホ
ワイトヘッドによる『プリンキピア・マテマティカ』の体系であり，
他方ではツェルメロとフレンケルによる公理的集合論の体系である．
これらの 2 つの体系は，現在の数学で用いられる証明のすべての方
法がその内部で形式化されるほどに，つまり，それらが少数の公理と
推論規則に還元されるほどに，包括的である．したがって，これらの
公理と推論規則は，その体系内部で形式化することのできる**すべての**
数学的問題を決定するために十分であろうと推測することも当然と思
われている．ところが，以下に示すように，この推測は事実でないば

かりでなく，これらの2つの体系の内部には，公理に基づいて決定
することのできない比較的単純な算術の問題が存在する．

ゲーデルは，このような事態が上記2つの体系の特殊な性質に起因するものでは
なく，数学的体系の任意の拡張クラスにおいて成立することを続けて説明してい
る．

この数学的体系の「拡張クラス」とは，いったい何を指示するのだろうか？　さ
まざまな解釈がこの言葉に与えられ，それに応じたさまざまな方法でゲーデルの
定理は一般化されてきた．本書の進行にしたがって，このような一般化の多くが考
察されるが，ここで興味深いのは，最も直接的で，最も簡単に一般読者が理解でき
そうな一般化が，実は，最も知られていないように思われる点である．さらに興味
深いことに，それはゲーデル自身が，まさにオリジナル論文の導入部分で指摘して
いる一般化なのである！　この点（さらに，不完全性定理のより進んだ一般化）に
ついて説明する前に，ゲーデルの証明の基礎概念を簡単に例解するパズルを挙げよ
う．

ゲーデル・パズル　次の5種類の記号をさまざまに組み合わせて印字する機械
を考える．

$$\sim \quad \mathrm{P} \quad \mathrm{N} \quad (\quad)$$

これらの5種類の記号による空でない有限列は，**式**と呼ばれる．機械が，ある式
X を印字することができるとき，X は**印字可能**と呼ばれる．機械は，印字可能な
式を，遅かれ早かれ印字するようにプログラムされていることにする．

形式 $X(X)$ の式は，X の**標準形**と呼ばれる．たとえば，式 P〜 の標準形は，
P〜(P〜) である．次の4種類の形式の式は，**文**と呼ばれる．

1. $\mathrm{P}(X)$
2. $\mathrm{PN}(X)$
3. $\sim\mathrm{P}(X)$
4. $\sim\mathrm{PN}(X)$

非形式的に，記号「P」は「印字可能である」，記号「N」は「標準形である」，
記号「〜」は「でない」と解釈される．さて，式 X が印字可能であるとき，そし
てそのときに限って，文 $\mathrm{P}(X)$ は**真である**と定義する．同様に，式 X の標準形が

印字可能であるとき，そしてそのときに限って，文 PN(X) は真であると定義する．また，式 X が印字可能でないとき，そしてそのときに限って文 ~P(X) は真であり，式 X の標準形が印字可能でないとき，そしてそのときに限って文 ~PN(X) は真であると定義する．[文 ~PN(X) は，直接読むと「印字可能でない X の標準形」だが，「X の標準形は印字可能でない」と読むことにする．]

以上により，文が真であることの意味が，完全に定義された．そして，ここに自己言及の興味深い一例を見いだすことができる．機械は，それが何を印字できて，何を印字できないかについて言及するさまざまな文を印字する．つまり，機械はそれ自体の行動を叙述することになるわけである！ [この状況は，ある意味で，自意識を持つ有機生命体に似ている．人工知能の研究者が，この機械のような構造のコンピューターに関心を持つ理由もこの点にある．]

機械が印字するすべての文が真であることについて，その機械は完全に正確に機能すると仮定する．したがって，仮に機械が文 P(X) を印字するならば，式 X は実際に印字可能である（X は，遅かれ早かれ機械によって印字される）．また，文 PN(X) が印字可能であれば，X の標準形 $X(X)$ も印字可能である．さて，式 X が印字可能であるとしよう．このことは，文 P(X) が印字可能であることを意味するだろうか？ 必ずしもそうではない．もし式 X が印字可能であれば，文 P(X) はたしかに真である．しかし，機械がすべての真である文を印字できるとは仮定していない．仮定しているのは，機械が偽である文をけっして印字しないことだけである．[機械が，文でない式を印字できるかどうかは，ここでは無関係である．重要なのは，機械によって印字可能な文が，すべて真であることである．]

機械は，すべての真である文を印字できるだろうか？ その答は，できないである．ここで読者にパズルを提出しよう．真であるにもかかわらず，機械が印字できない文を見つけてほしい．[それ自体が印字可能でないことを主張する文を見つければよい．つまり，機械によって印字可能でないとき，そしてそのときに限って，真になる文を見つければよい．解答は，次のパズルの後にある．]

変形ゲーデル・パズル ゲーデル・パズルを変形させた次のパズルは，ゲーデル符号化の概念を読者に紹介するものである．

ここでは，次の5種類の記号をさまざまに組み合わせて印字する機械を考える．

$$\sim \quad P \quad N \quad 1 \quad 0$$

自然数は，2進法（1と0の数列）で表記される．つまり，このパズルの目的のために，2進数の数列が自然数と対応するものと仮定する．

それぞれの式には，以下の規則にしたがって，**ゲーデル数**と呼ばれる数を与える．まず，基本的な5種類の記号 ～，P，N，1，0 には，順に以下のゲーデル数を与える．

$$10,\quad 100,\quad 1000,\quad 10000,\quad 100000$$

次に，記号を組み合わせた式のゲーデル数は，それぞれの記号を順にそのゲーデル数と置き換えることによって与える．たとえば，式 PNP のゲーデル数は，1001000100 となる．式の**標準形**は，式に続けてそのゲーデル数を書くことにする．よって，式 PNP の標準形は，PNP1001000100 となる．**文**は，X が2進法表記の自然数であるとき，次の4種類の形式になる．

$$\mathrm{P}X,\quad \mathrm{PN}X,\quad \sim\!\mathrm{P}X,\quad \sim\!\mathrm{PN}X$$

さて，自然数 X を**ゲーデル数**とする式が印字可能であるとき，そしてそのときに限って，文 PX は真であると定義する．同様に，自然数 X をゲーデル数とする式の**標準形**が印字可能であるとき，そしてそのときに限って，文 PNX は真であると定義する．また，文 PX が真でないとき（X が印字可能な式のゲーデル数でないとき），そしてそのときに限って文 ～PX は真であり，文 PNX が真でないとき，そしてそのときに限って文 ～PNX は真であると定義する．

再び，この新しい機械は偽である文をけっして印字しないと仮定する．ここで読者には，真であるにもかかわらず，新しい機械が印字できない文を見つけてほしい．

[解答] ゲーデル・パズルの解答は，文「～PN(～PN)」である．このパズルの「真である」ことの定義により，この文は，～PN の標準形が印字可能でないとき，そしてそのときに限って真である．しかし，～PN の標準形は，文 ～PN(～PN) にほかならない！ よって，この文は，それが印字可能でないとき，そしてそのときに限って真である．このことは，この文が真であるが印字可能でないか，あるいは，この文が真でないが印字可能であることを意味する．しかし，後者は，機械が真でない文をけっして印字しないという仮定に反している．したがって，この文は真であるにもかかわらず，機械が印字することはできない．

もちろん，5種類の記号によるさまざまな式を**印字する**機械と考える代わりに，同じ5種類の記号によるさまざまな文を**証明する**数学的体系と考えることもできる．記号 P を，機械による印字可能性ではなく，数学的体系における**証明可能性**と解釈するわけである．すると，与えられた体系は完全に正確であり（偽の文はけっしてこの体系では証明されない），文 ～PN(～PN) は真であるにもかかわらず，この体系では証明不可能であることが判明する．

さらに，文 PN(～PN) が（その否定が真だから）偽であることに注目しよう．（体系が正確であることを前提とすると）この文も，この体系では証明不可能である．したがって，

$$PN(\sim PN)$$

は，体系において**決定不可能**な文，つまり，それ自体もその否定もこの体系では証明することができない文の一例である．

変形ゲーデル・パズルの解答は，文「～PN101001000」である．

それでは，標準的な体系における不完全性定理の議論に戻ることにしよう．まず，数学的体系を高度に抽象的に形式化し，その体系がある性質を持てば，ゲーデルの証明を適用できることを示す．それに続いて，いくつかの特定の数学的体系を形式化し，それらの体系が事実，その性質を持つことを立証しよう．

I. ゲーデルの定理とタルスキーの定理の抽象形式

ゲーデルの証明は，少なくとも以下の性質を持つすべての言語 $\mathscr{L}$ に対して適用することができる．

1. 可算無限集合 $\mathscr{E}$．その要素は，$\mathscr{L}$ の**式**と呼ばれる．
2. 集合 $\mathscr{E}$ の部分集合 $\mathscr{S}$．その要素は，$\mathscr{L}$ の**文**と呼ばれる．
3. 集合 $\mathscr{S}$ の部分集合 $\mathscr{P}$．その要素は，$\mathscr{L}$ の**証明可能**な文と呼ばれる．
4. 集合 $\mathscr{S}$ の部分集合 $\mathscr{R}$．その要素は，$\mathscr{L}$ の**反証可能**または**論駁可能**な文と呼ばれる．
5. 式の集合 $\mathscr{H}$．その要素は，$\mathscr{L}$ の**述語**と呼ばれる．［この要素は，ゲーデルのオリジナル論文では，**クラス名辞**と呼ばれている．非形式的に，述語 H は，

自然数を要素とする集合の名辞と考えられるためである.]

6. すべての式 E とすべての自然数 n に対して, 式 $E(n)$ を割り当てる関数 Φ. この関数は, すべての述語 H とすべての自然数 n に対して, 式 $H(n)$ が文であるという条件をみたす必要がある. [非形式的に, $H(n)$ は, 「n は, H に言及される集合の要素である」という命題を表している.]

　ある特定の体系 $\mathscr{L}$ において, 本書で最初の不完全性定理を証明するためには, Tarski［1936］によって厳密に構成された**真理概念**（この概念は, 体系の証明可能性概念とはまったく別に定義される）が必要である. そのため, 最後にもう 1 つの性質を言語 $\mathscr{L}$ に付け加える.

7. 文の集合 $\mathcal{T}$. その要素は, $\mathscr{L}$ の**真である**文と呼ばれる.

　以上の定義は, 続く各章で扱う体系に共通する抽象形式である.

$\mathscr{L}$ の言及可能性　次に定義する $\mathscr{L}$ の**言及可能性**は, 真理集合 $\mathcal{T}$ に関する概念であり, 集合 $\mathcal{P}$ と集合 $\mathcal{R}$ には無関係である.

　本書を通して, **数**とは**自然数**を意味する. さて, 文 $H(n)$ が真であるとき（つまり, 集合 $\mathcal{T}$ の要素であるとき）, 述語 H は数 n に対して**真である**, あるいは, n は H を**充足する**という. 述語 H を充足するすべての数 n の集合は, H に**言及される**集合と呼ばれる. したがって, 任意の数の集合 A に対して,

$$H(n) \in \mathcal{T} \Leftrightarrow n \in A$$

が成立するとき, そしてそのときに限って, A は H に言及される.

　定義　集合 A が体系 $\mathscr{L}$ の述語に言及されるとき, A は $\mathscr{L}$ において**言及可能**または**名辞可能**と呼ばれる.

　体系 $\mathscr{L}$ が含む式は, たかだか可算無限個であるため, $\mathscr{L}$ の含む述語も, 有限個または可算無限個にすぎない. しかし, カントールのよく知られた定理により, 自然数の集合自体の数は非可算無限である. したがって, 数の集合がすべて $\mathscr{L}$ で言及可能であるわけではない.

　定義　体系 $\mathscr{L}$ の証明可能なすべての文が真であり, 反証可能なすべての文が偽であるとき, $\mathscr{L}$ を**正確である**という. このことは, 集合 $\mathcal{P}$ が集合 $\mathcal{T}$ の部分

集合であり，集合 $\mathcal{R}$ と集合 $\mathcal{T}$ が互いに素であることを意味する．ここで興味深い問題は，体系 $\mathscr{L}$ が正確であるときに，真であるにもかかわらず $\mathscr{L}$ で証明可能でない文を含むための十分条件である．

ゲーデル符号化と対角式　関数 g は，すべての式 E にゲーデル数 $g(E)$ を 1 対 1 対応で与えるものとする．本章では，関数 g が一意的に定められていることにしよう．［次の章で扱う特定の体系では，特定のゲーデル符号化が必要になる．しかし，ここで扱う純粋に抽象化された体系は，どのようなゲーデル符号化にも適用することができる．］すべての自然数がいずれかの式のゲーデル数であると仮定すると，技術上都合がよい．［ゲーデルのオリジナル論文の符号化はこの性質を持たないが，次の章のゲーデル符号化はこの性質を持つ．しかし，以下で得られる結論は，多少の変更さえ加えれば，このような制限なしに証明できる．問題 5 参照．］そこで，すべての数 n をゲーデル数とする式が一意に決まると仮定し，n をゲーデル数とする式を E_n とおくと，

$$g(E_n) = n.$$

式 $E_n(n)$ は，E_n の**対角式**と呼ばれる．式 E_n が述語であれば，その対角式はもちろん文である．この文は，述語 E_n のゲーデル数 n がその述語自体を充足するとき，そしてそのときに限って真である．［同値関係は，「…のとき，そしてそのときに限って」または記号「$\Leftrightarrow$」で表す．］

任意の数 n に対して，対角式 $E_n(n)$ のゲーデル数を $d(n)$ とおく．この関数 $d(x)$ は，体系の**対角関数**と呼ばれ，本書を通して重要な役割を果たす．

数集合とは，自然数の集合を意味する．任意の数集合 A に対して，$d(n) \in A$ をみたすすべての数 n の集合を A^* とおく．この定義から，任意の数 n に対して，

$$n \in A^* \Leftrightarrow d(n) \in A.$$

［集合 A^* は，対角関数 $d(x)$ の逆関数によって得られる A の像であるため，$d^{-1}(A)$ と表すこともある．］

ゲーデルの定理の抽象形式　すべての証明可能な文のゲーデル数の集合を P とおく．また，自然数全体の集合 N に対する数集合 A の補集合を $\tilde{A}$ で表す．つまり，$\tilde{A}$ は数集合 A に含まれないすべての自然数の集合である．

8　　　　　　　第 I 章　ゲーデルの証明の基礎概念

定理 GT　　［ゲーデルとタルスキーによる］　体系 $\mathscr{L}$ が正確であり，集合 $\widetilde{P}^{*\dagger}$ が $\mathscr{L}$ で言及可能であるとき，真であるにもかかわらず $\mathscr{L}$ で証明可能でない文が存在する．

［証明］　体系 $\mathscr{L}$ が正確であり，集合 $\widetilde{P}^{*}$ が $\mathscr{L}$ で言及可能であると仮定する．体系 $\mathscr{L}$ において，$\widetilde{P}^{*}$ を言及する述語を H とおき，H のゲーデル数を h とおく．また，述語 H の対角式（つまり文 $H(h)$）を G とおく．このとき，文 G は真であるにもかかわらず $\mathscr{L}$ で証明可能でないことを示す．

　体系 $\mathscr{L}$ において述語 H が集合 $\widetilde{P}^{*}$ を言及することから，任意の数 n に対して，

$$H(n) \text{ が真である} \Leftrightarrow n \in \widetilde{P}^{*}.$$

この同値関係は，**すべての**数 n に対して成立するため，特定の数 h に対しても成立する．よって，数 n に h を代入すると（この部分の議論は**対角化**と呼ばれる）

$$H(h) \text{ が真である} \Leftrightarrow h \in \widetilde{P}^{*}.$$

ところが，

$$h \in \widetilde{P}^{*} \Leftrightarrow d(h) \in \widetilde{P} \Leftrightarrow d(h) \notin P.$$

しかし，（h は H のゲーデル数だから）$d(h)$ は $H(h)$ のゲーデル数であるため，$d(h) \in P$ のとき，そしてそのときに限って $H(h)$ は $\mathscr{L}$ で証明可能であり，$d(h) \notin P$ のとき，そしてそのときに限って $H(h)$ は $\mathscr{L}$ で証明可能でない．よって，

$$H(h) \text{ が真である} \Leftrightarrow H(h) \text{ は } \mathscr{L} \text{ で証明可能でない}.$$

このことは，$H(h)$ が真であるが $\mathscr{L}$ で証明可能でないか，あるいは，$H(h)$ が真でないが $\mathscr{L}$ で証明可能であることを意味する．しかし，後者は，$\mathscr{L}$ が正確であるという仮定に反する．したがって，$H(h)$ は真であるにもかかわらず $\mathscr{L}$ で証明可能ではない．

　次の章で特定の体系 $\mathscr{L}$ について考察するとき，次の 3 つの条件を個別に検証することで，$\widetilde{P}^{*}$ が $\mathscr{L}$ で言及可能であるという仮定を検証する．

[†][訳注]　$\widetilde{P}^{*}$ は $d(n) \in \widetilde{P}$ をみたすすべての数 n の集合である．一方，$\widetilde{P}$ は $d(n) \in P$ をみたすすべての数 n の集合の補集合であり，$\widetilde{P}^{*}$ とは異なる．

I. ゲーデルの定理とタルスキーの定理の抽象形式　　9

G_1：体系 $\mathscr{L}$ で言及可能なすべての集合 A に対して，集合 A^* は $\mathscr{L}$ で言及可能である．

G_2：体系 $\mathscr{L}$ で言及可能なすべての集合 A に対して，集合 $\widetilde{A}$ は $\mathscr{L}$ で言及可能である．

G_3：集合 P は体系 $\mathscr{L}$ で言及可能である．

　条件 G_1 と G_2 は，体系 $\mathscr{L}$ で言及可能なすべての集合 A に対して，集合 $\widetilde{A}^*$ が $\mathscr{L}$ で言及可能であることを含意している．したがって，集合 P が体系 $\mathscr{L}$ で言及可能であれば，$\widetilde{P}^*$ も $\mathscr{L}$ で言及可能である．

　条件 G_1 の検証は比較的簡単であり，条件 G_2 の検証は完全に明白である．しかし，条件 G_3 を検証するためには，かなりの努力が必要とされることを付け加えておこう．

ゲーデル文　定理 GT の証明には，Carnap［1934］によって系統立てられた非常に重要な概念が組み込まれている．この概念は，すぐ後に登場するタルスキーの定理とも関係が深い．

　数集合 A に対して，文 E_n が真であると同時にそのゲーデル数 n が A の要素であるか，あるいは，文 E_n が偽であると同時にそのゲーデル数 n が A の要素でないとき，文 E_n は A の**ゲーデル文**と呼ばれる．つまり，数集合 A に対して，

$$E_n \in \mathcal{T} \Leftrightarrow n \in A$$

が成立するとき，そしてそのときに限って，E_n は A のゲーデル文である．［非形式的に，集合 A のゲーデル文は，それ自体のゲーデル数が A の要素であることを主張する文と考えられる．ゲーデル文が真であれば，そのゲーデル数は実際に A の要素であり，文が偽であれば，そのゲーデル数は実際に A の要素ではない．］

　次の補助定理と定理は，集合 $\mathcal{T}$ に関する帰結であり，集合 P と集合 R には無関係である．

補助定理 D　［対角化補助定理］

(a)　任意の集合 A に対して，集合 A^* が体系 $\mathscr{L}$ で言及可能であれば，A のゲーデル文が存在する．

(b)　体系 $\mathscr{L}$ が条件 G_1 をみたすならば，$\mathscr{L}$ で言及可能なすべての集合 A に対して，A のゲーデル文が存在する．

10　　　　　　　　第 I 章　ゲーデルの証明の基礎概念

[証明]

(a) 体系 $\mathscr{L}$ において，集合 A^* を言及する述語を H とおき，そのゲーデル数を h とおく．そこで，$d(h)$ は $H(h)$ のゲーデル数である．よって，任意の数 n に対して，

$$H(n) \text{ は真である} \Leftrightarrow n \in A^*$$

が成立することから，

$$H(h) \text{ は真である} \Leftrightarrow h \in A^*.$$

しかし，

$$h \in A^* \Leftrightarrow d(h) \in A$$

が成立することから，

$$H(h) \text{ は真である} \Leftrightarrow d(h) \in A.$$

そこで，$d(h)$ は $H(h)$ のゲーデル数だから，$H(h)$ は A のゲーデル文である．

(b) 上記 (a) の証明より明らかである．

　補助定理 D を先に証明すれば，定理 GT の証明をより簡単に行うことができる．集合 $\widetilde{P}^*$ は体系 $\mathscr{L}$ で言及可能であるため，補助定理 D により，集合 $\widetilde{P}$ のゲーデル文 G が存在する．しかし，$\widetilde{P}$ のゲーデル文とは，それ自体が $\mathscr{L}$ で証明可能でないとき，そしてそのときに限って真である文にほかならない．したがって，任意の正確な体系 $\mathscr{L}$ に対して，集合 $\widetilde{P}$ のゲーデル文は，真であるにもかかわらず $\mathscr{L}$ で証明可能でない．[その文は，それ自体が $\mathscr{L}$ で証明可能でないことを主張する文と考えることができる．]

　タルスキーの定理の抽象形式　補助定理 D は，もう 1 つの重要な帰結を導く．体系 $\mathscr{L}$ において，真である文のゲーデル数の集合を T とおくと，次の定理が成立する．

定理 T　[タルスキーによる]

(1) 集合 $\widetilde{T}^*$ は体系 $\mathscr{L}$ で言及可能でない．

I. ゲーデルの定理とタルスキーの定理の抽象形式　　11

(2)　条件 G_1 が成立するとき，集合 $\widetilde{T}$ は体系 $\mathscr{L}$ で言及可能でない．

(3)　条件 G_1 と条件 G_2 が成立するとき，集合 T は体系 $\mathscr{L}$ で言及可能でない．

[証明]　まず最初に，集合 $\widetilde{T}$ のゲーデル文が存在しないことを注意しておこう．そのような文は，それ自体のゲーデル数が，真である文のゲーデル数でないとき，そしてそのときに限って真でなければならず，矛盾するためである．

(1)　集合 $\widetilde{T}^*$ が体系 $\mathscr{L}$ で言及可能であれば，補助定理 D（a）により，集合 $\widetilde{T}$ のゲーデル文が存在することになる．これは，すでに述べたように矛盾である．したがって，集合 $\widetilde{T}^*$ は体系 $\mathscr{L}$ で言及可能でない．

(2)　条件 G_1 が成立すると仮定する．そこで，集合 $\widetilde{T}$ が体系 $\mathscr{L}$ で言及可能であれば，集合 $\widetilde{T}^*$ も体系 $\mathscr{L}$ で言及可能であることになり，これは（1）に矛盾する．

(3)　条件 G_2 も成立すると仮定する．この場合，集合 T が体系 $\mathscr{L}$ で言及可能であれば，$\widetilde{T}$ も $\mathscr{L}$ で言及可能であることになり，これは（2）に矛盾する．

[解説]

1.　定理 T（3）は，「十分に強い体系において，体系の真理概念はその体系内で定義できない」と表現されることがある．この「十分に強い」という言葉も，さまざまな方法で解釈されているが，ここでは，条件 G_1 および条件 G_2 がこの表現を十分にみたしていることを指摘しておこう．

2.　Gödel [1931] において，彼の証明は，すべてのクレタ人は嘘つきだと言明するクレタ人の有名なパラドックスにたとえられている．[実際には，嘘つきのパラドックスは，ゲーデルの定理以上にタルスキーの定理と密接な関係がある．] ゲーデルの定理により近い類推として，次のような論理パズルを挙げよう．すべての住人が正直か嘘つきである島を想定する．この島では，ある住人はアテネ人であり，ある住人はクレタ人である．すべてのアテネ人は真実のみを語り，すべてのクレタ人は嘘のみを語ることにする．さて，ある住人が，彼は真実を語るがアテネ人ではないことを伝えようとしている．彼は何と発言すればよいだろうか？

　　彼は，ただ「私はアテネ人ではない」と発言すればよいのである．嘘つきは，このように発言できない（なぜなら，アテネ人は正直であり，嘘つきは実際にアテネ人ではないから）．したがって，彼は真実を語っている．つま

り，彼の発言は正確であり，それは彼がアテネ人でないことを意味している．
ゆえに，彼は真実を語るがアテネ人ではない．

　このパズルのアテネ人が，真であると同時に体系 $\mathscr{L}$ で証明可能な文の役割
を果たすのであれば，「私はアテネ人ではない」と発言する住人は，体系 $\mathscr{L}$
で自己の証明不可能性を主張するゲーデル文 G の役割を果たすと考えられる
だろう．［もちろん，クレタ人の役割は体系 $\mathscr{L}$ の反証可能な文である．その
機能を，続いて説明しよう．］

II. 言語 $\mathscr{L}$ における決定不可能な文

　これまで反証可能な文の集合 R についてはふれなかったが，この節では重要な
役割を果たす．

　体系 $\mathscr{L}$ において，証明可能であると同時に反証可能である文が存在しない（つ
まり，集合 $\mathcal{P}$ と集合 $\mathcal{R}$ が互いに素である）とき，$\mathscr{L}$ は**無矛盾**と呼ばれ，それ以
外のとき，$\mathscr{L}$ は**矛盾**と呼ばれる．無矛盾性の定義は，集合 $\mathcal{P}$ と集合 $\mathcal{R}$ によって
与えられ，集合 $\mathcal{T}$ には直接関与しない．それにもかかわらず，もし体系 $\mathscr{L}$ が正確
であれば，自動的に $\mathscr{L}$ は無矛盾となる（なぜなら，集合 $\mathcal{P}$ が集合 $\mathcal{T}$ の部分集合
であり，集合 $\mathcal{R}$ と集合 $\mathcal{T}$ が互いに素であれば，集合 $\mathcal{P}$ と集合 $\mathcal{R}$ も互いに素でな
ければならないから）．ただし，この逆は必ずしも成立しない（無矛盾であると同
時に正確でない体系は，後で登場する）．

　文 X が，体系 $\mathscr{L}$ において証明可能または反証可能であるとき，X は**決定可能**
と呼ばれ，それ以外のとき，X は**決定不可能**と呼ばれる．体系 $\mathscr{L}$ において，すべ
ての文が決定可能であるとき，$\mathscr{L}$ は**完全**と呼ばれ，それ以外のとき，$\mathscr{L}$ は**不完全**
と呼ばれる．

　さて，体系 $\mathscr{L}$ が定理 GT の仮定をみたしているとすると，真であるにもかかわ
らず $\mathscr{L}$ で証明可能でない文 G が存在する．文 G は真である以上，（$\mathscr{L}$ は正確だ
から）$\mathscr{L}$ において反証可能でもない．したがって，文 G は $\mathscr{L}$ において決定不可
能である．ここから，すぐに次の結果が導かれる．

　定理 1　体系 $\mathscr{L}$ が正確であり，集合 $\widetilde{P}^{*}$ が $\mathscr{L}$ で言及可能であるとき，$\mathscr{L}$ は不
　　完全である．

II. 言語 $\mathscr{L}$ における決定不可能な文　　　13

　定理1の双対性　ゲーデルの議論の**双対形式**と考えられる定理を，Smullyan [1961] で紹介した．非形式的にこの概念を説明すると，次のようになる．「私は証明可能ではない」という文を構成する代わりに，「私は反証可能である」という文を構成する．すると，すぐ後で証明するように，（$\mathscr{L}$ が正確ならば）この文も体系 $\mathscr{L}$ で決定不可能でなければならないことが判明する．

　証明可能な文のゲーデル数の集合を P と定義したが，ここで，反証可能な文のゲーデル数の集合を R と定義しよう．

　定理1°　[定理1の双対定理]　体系 $\mathscr{L}$ が正確であり，集合 R^* が $\mathscr{L}$ で言及可能であるとき，$\mathscr{L}$ は不完全である．特に，体系 $\mathscr{L}$ が正確であり，述語 K が集合 R^* を言及するとき，その対角式 $K(k)$ は $\mathscr{L}$ で決定不可能である（k は K のゲーデル数）．

[証明]　体系 $\mathscr{L}$ が正確であり，集合 R^* が $\mathscr{L}$ で言及可能であると仮定する．述語 K が集合 R^* を言及することから，補助定理 D(a) により，文 $K(k)$ は集合 R のゲーデル文である．よって，$K(k)$ が真であるとき，そしてそのときに限って，そのゲーデル数は R に含まれる．つまり，これは同じことだが，$K(k)$ が真であるとき，そしてそのときに限って，$K(k)$ は $\mathcal{R}$ に含まれる．したがって，$K(k)$ が真であるとき，そしてそのときに限って，$K(k)$ は $\mathscr{L}$ で反証可能となる．このことは，$K(k)$ が真であると同時に反証可能であるか，あるいは，真でないと同時に反証可能でないことを意味する．しかし，体系 $\mathscr{L}$ が正確であることから，$K(k)$ が真であると同時に反証可能であることはない．よって，この文は偽であるが反証可能でない．文が偽である以上，（再び，$\mathscr{L}$ が正確だから）これを証明することもできない．したがって，$K(k)$ は $\mathscr{L}$ で証明可能でも反証可能でもない．

[解説]　ゲーデル文 $H(h)$ が，「私は $\mathscr{L}$ で証明可能ではない」と主張するように，文 $K(k)$ は，「私は $\mathscr{L}$ で反証可能である」と主張する文と考えられる．アテネ人とクレタ人のパズルに戻ると，文 $H(h)$ は「私はアテネ人ではない」と発言する住人に対応するが，文 $K(k)$ は「私はクレタ人である」と発言する住人の機能を果たしている．彼は嘘つきでなければならないが，クレタ人ではない．したがって，彼は，（「私はアテネ人ではない」と発言する住人と同じように）アテネ人でもクレタ人でもない．

さて，次の 2 つの条件をみたす正確な体系 $\mathscr{L}$ について考えてみよう．

G_1：体系 $\mathscr{L}$ で言及可能なすべての集合 A に対して，集合 A^* が $\mathscr{L}$ で言及可能である．

G_3'：集合 R は体系 $\mathscr{L}$ で言及可能である．

このとき，体系 $\mathscr{L}$ において，もちろん集合 R^* も言及可能となる．よって，定理 $1°$ により，$\mathscr{L}$ は矛盾あるいは不完全である．この証明には，条件 G_2 は必要でない．

以下の最初の問題は，定理 $1°$ の興味深い応用を示している．

問題 1 次の 2 つの条件をみたす正確な体系 $\mathscr{L}$ を仮定する．

1. 集合 P^* は $\mathscr{L}$ で言及可能である．
2. 任意の述語 H に対して，次のような述語 H' が存在する：「すべての数 n に対して，文 $H(n)$ が $\mathscr{L}$ で反証可能であるとき，そしてそのときに限って，文 $H'(n)$ が $\mathscr{L}$ で証明可能である．」

このとき，体系 $\mathscr{L}$ が不完全であることを証明せよ．

問題 2 すべての数 n に対して，$n \in A$ であるとき，そしてそのときに限って文 $H(n)$ が体系 $\mathscr{L}$ で証明可能であるならば，述語 H は集合 A を**表現する**という．［この定義は，証明可能集合 $\mathcal{P}$ のみに関与し，真理集合 $\mathcal{T}$ に関しては無関係であることに注意してほしい．］

体系 $\mathscr{L}$ が無矛盾であり，集合 R^* が $\mathscr{L}$ で表現可能であれば，$\mathscr{L}$ が不完全であることを証明せよ．

問題 3 集合 R^* の上位集合が，集合 P^* と互いに素であり，体系 $\mathscr{L}$ で表現可能であれば，$\mathscr{L}$ は不完全であることを証明せよ．［集合 A が集合 B の部分集合であるとき，B は A の上位集合と呼ばれる．］

問題 4 すべての数 n に対して，$n \in A$ であるとき，そしてそのときに限って，文 $H(n)$ が体系 $\mathscr{L}$ で反証可能であるならば，述語 H は集合 A を**反表現する**という．体系 $\mathscr{L}$ が無矛盾であり，集合 P^* が $\mathscr{L}$ で反表現可能であれば，$\mathscr{L}$ が不完全であることを証明せよ．［この結果と問題 2 の結果は，第 V 章で用い

II. 言語 $\mathscr{L}$ における決定不可能な文　　15

られる．また，問題 3 の結果は，第 VI 章のロッサーの不完全性定理に関係がある．]

問題 5　すべての数が必ずしもゲーデル数ではないゲーデル符号化 g を仮定する．そこで，**ある対角関数**（一意的な対角関数ではない）$d(x)$ を，次のように定義する：「任意の数 e に対して，e が式 E のゲーデル数であれば，$d(e)$ は式 $E(e)$ のゲーデル数である．」このとき，任意の対角関数 $d(x)$ に対して $d^{-1}(A)$ が $\mathscr{L}$ で言及可能であれば，A のゲーデル文が存在することを証明せよ．

問題 6　すべての集合 A に対して，集合 $\widetilde{A}^*$ は必然的に集合 $\widetilde{A^*}$ と同じでなければならないだろうか？

問題 7　ゲーデルの証明の構成的な性質を強調するために，次の 3 つの条件をみたす正確な体系 $\mathscr{L}$ を仮定する．

1. 述語 E_7 は集合 P を言及する．
2. 任意の数 n に対して，E_n が述語であれば，E_{3n} も述語である．このとき，
   E_{3n} は，E_n に言及される集合の補集合を言及する．
3. 任意の数 n に対して，E_n が述語であれば，E_{3n+1} も述語である．このとき，A が E_n に言及される集合であれば，A^* は E_{3n+1} に言及される集合である．

(a) 文 $E_a(b)$ が，真であるにもかかわらず $\mathscr{L}$ で証明可能でないように，数 a と b（等しいか等しくないかにかかわらず）を定めよ．[100 未満の数 a と b に対して，2 種類の解が存在する．読者には，その両方を発見してほしい．]

(b) 文 $E_a(b)$ が，真であるにもかかわらず $\mathscr{L}$ で証明可能でないようにする順序対 (a, b) が，無限に多く存在することを証明せよ．

(c) 述語 E_{10} が言及する集合のゲーデル文が $E_c(d)$ であるように，数 c と d を定めよ．

第II章

算術におけるタルスキーの定理

　第I章では高度に抽象化された言語を用いたが，これからは，特定の数学的言語に関する議論を行う．その主要な目標は，**ペアノ算術**として知られる体系におけるゲーデルの不完全性定理に到達することである．この定理には，さまざまな方法で証明を与えていくが，最も単純な方法は部分的にタルスキーの定理に基づいている．そこで，タルスキーの定理から先に証明することにしよう．

I. 言　　語　　$\mathscr{L}_E$

§1. 構 文 論 の 基 礎

　最初に形式化する言語は，加法・乗法・べき乗に基づく1階算術の言語である．[後続関数と大小関係にも基づくが，これらは本質的な特徴ではない．]この言語は，（主要目的のゲーデル符号化にも便利であるため）有限個の記号によって形式化されるべきである．よって，次の13種類の記号を用いることにする．

$$0 \quad ' \quad (\quad) \quad f \quad \cdot \quad v \quad \sim \quad \supset \quad \forall \quad = \quad \leq \quad \sharp$$

　式 (0), $(0')$, $(0'')$, $(0''')$, $\cdots$ は**数項**と呼ばれ，順に自然数「0,1,2,3,$\cdots$」の形式的な名称を表している．**プライム**と呼ばれるアクセント記号 $'$ は，後続関数の名

称である．加法・乗法・べき乗の形式的な名称には，式 $(f_{\prime})$, $(f_{\prime\prime})$, $(f_{\prime\prime\prime})$ を用いる．つまり，$(f_{\prime})$ は加法記号「$+$」，$(f_{\prime\prime})$ は乗法記号「$\cdot$」，$(f_{\prime\prime\prime})$ はべき乗記号「$\mathbf{E}$」と省略されることにする．

記号 $\sim$ と記号 $\supset$ は，通常の命題論理で用いる**否定**と**含意**を表す．［含意記号に不慣れな読者へ．任意の命題 p と q に対して，命題 $p \supset q$ は，p が偽であるか，p と q がともに真であることを意味する．］記号 $\forall$ は，**全称量化子**と呼ばれ，「すべての」を意味する．この量化子の有効範囲は自然数のみであり，自然数の関係と集合には有効でないことにする．［つまり，この言語は 1 階算術であり，2 階算術ではない．］

記号 $=$ は通常の等号関係を表し，記号 $\leq$ は通常の大小関係を表す．

可算無限個の式 $v_1, v_2, \cdots, v_n$ は，（個体）**変数**と呼ばれる．もちろん，この 13 種類の記号以外を使用する必要がないように，「$v_1, v_2, v_3, \cdots$」は，順に式 $(v_{\prime})$, $(v_{\prime\prime})$, $(v_{\prime\prime\prime})$, $\cdots$ を形式的な名称とする．［この定義に従って，式 v_n は，v に n 個の添字が続いたものをかっこで囲んだ式になる．］

項と論理式　次の 2 つの規則によって生成される式は，**項**と呼ばれる．

1. すべての変数と数項は，項である．
2. t_1 と t_2 が項であれば，$(t_1 + t_2)$, $(t_1 \cdot t_2)$, $(t_1 \mathbf{E} t_2)$, $t_1{}'$ も項である．

変数を含まない項は，**定項**または**閉じた項**と呼ばれる．

任意の項 t_1 と t_2 に対して，$t_1 = t_2$ または $t_1 \leq t_2$ の形式の式は，**原子論理式**と呼ばれる．**論理式**の集合は，次の 2 つの規則によって帰納的に定義される．

1. すべての原子論理式は，論理式である．
2. F と G が論理式であり，v_i が変数であれば，$\sim F$, $(F \supset G)$, $\forall v_i F$ も論理式である．

変数の自由出現と束縛出現　任意の項 t に対して，t におけるすべての変数 v_i の出現は，**自由出現**と呼ばれる．同様に，任意の原子論理式 A に対して，A におけるすべての変数 v_i の出現は，自由出現である．任意の論理式 F と G に対して，$(F \supset G)$ における変数 v_i の自由出現は，F と G における v_i の自由出現をあわせたものであり，$\sim F$ における v_i の自由出現は，F における v_i の自由出現である．さて，論理式 $\forall v_i F$ において，変数 v_i の自由出現はない．論理式 $\forall v_i F$ におけるすべての変数 v_i の出現は，**束縛出現**と呼ばれる．よって，任意の数 $j \neq i$ に対して，

論理式 $\forall v_j F$ における変数 v_i の自由出現は，F における v_i の自由出現である．

文 変数が自由出現しない論理式は，**文**である．文は，**閉じた論理式**と呼ばれることもある．これに対して，閉じていない（少なくとも 1 個の変数が自由出現である）論理式は，**開いた論理式**と呼ばれる．

変数への数項の代入 任意の自然数 n に対して，$\overline{n}$ は n を指示する数項（0 に n 個のプライムが続いたものをかっこで囲んだ式）とする．［たとえば，$\overline{5}$ は式 $(0''''')$ である．］

任意の変数 v_i に対して，v_i のみが自由出現する論理式を $F(v_i)$ で表すとき，$F(v_i)$ における変数 v_i のすべての自由出現に数項 $\overline{n}$ を代入した結果を $F(\overline{n})$ で表す．一般に，変数 $v_{i_1}, \cdots, v_{i_n}$ のみが自由出現する論理式を $F(v_{i_1}, \cdots, v_{i_n})$ で表すとき，$v_{i_1}, \cdots, v_{i_n}$ のすべての自由表現に数項 $\overline{k}_1, \cdots, \overline{k}_n$ を順に代入した結果を，

$$F(\overline{k}_1, \cdots, \overline{k}_n)$$

で表す．このとき，文 $F(\overline{k}_1, \cdots, \overline{k}_n)$ は，論理式 $F(v_{i_1}, \cdots, v_{i_n})$ への**代入例**と呼ばれる．

論理式 $F(v_{i_1}, \cdots, v_{i_n})$ は，$i_1 = 1, \cdots, i_n = n$ であるとき，**正則**と呼ばれる．よって，正則論理式 F において，任意の数 i に対して v_i が F に自由出現する変数であれば，任意の数 $j \leq i$ に対して v_j も F に自由出現する変数となる．したがって，正則論理式は，

$$F(v_1, \cdots, v_n)$$

と表すことができる．

次数と帰納法 論理式において，論理結合子 $\sim$ と $\supset$ および全称量化子 $\forall$ が出現する回数は，**次数**と呼ばれる．したがって，

1. 原子論理式の次数は 0 である．
2. 任意の論理式 F と G の次数が順に d_1 と d_2 であり，v_i が任意の変数であるとき，論理式 $\sim F$ は $d_1 + 1$，論理式 $(F \supset G)$ は $d_1 + d_2 + 1$，論理式 $\forall v_i F$ は $d_1 + 1$ の次数を持つ．

ここで，通常の数学的帰納法について確認しておく．すなわち，与えられた性質

がすべての論理式に対して成立することを証明するためには，次のことを証明すれば十分である：「その性質がすべての原子論理式に対して成立し，任意の論理式 F において，その性質が F よりも低い次数のすべての論理式に対して成立するならば，F に対しても成立する.」

省略記号　任意の論理式 F, F_1, F_2，変数 v_i，項 t_1, t_2 に対して，次の標準的な省略記号を定義する.

$$(F_1 \vee F_2) \underset{\mathrm{df}}{=} (\sim F_1 \supset F_2)$$

$$(F_1 \wedge F_2) \underset{\mathrm{df}}{=} \sim (F_1 \supset \sim F_2)$$

$$F_1 \equiv F_2 \underset{\mathrm{df}}{=} ((F_1 \supset F_2) \wedge (F_2 \supset F_1))$$

$$\exists v_i F \underset{\mathrm{df}}{=} \sim \forall v_i \sim F$$

$$t_1 \neq t_2 \underset{\mathrm{df}}{=} \sim (t_1 = t_2)$$

$$t_1 < t_2 \underset{\mathrm{df}}{=} ((t_1 \leq t_2) \wedge (\sim t_1 = t_2))$$

$$t_1^{t_2} \underset{\mathrm{df}}{=} t_1 \, \mathbf{E} \, t_2$$

$$(\forall v_i \leq t) F \underset{\mathrm{df}}{=} \forall v_i (v_i \leq t \supset F)$$

$$(\exists v_i \leq t) F \underset{\mathrm{df}}{=} \sim (\forall v_i \leq t) \sim F.$$

論理式や項の表示に混乱が生じない限り，かっこは省略できることにする. たとえば，論理式と項を単独で表示する場合には，一番外側のかっこを省略できる. よって，論理式 $(F \supset G)$ は $F \supset G$，項 $(v_1 + v_2)$ は $v_1 + v_2$，項 $((v_1 + v_2) \cdot v_3)$ は $(v_1 + v_2) \cdot v_3$ に省略できる.

指示　変数を含まない項を**定項**と呼んだが，すべての定項 c は，次の 2 つの規則によって，自然数を一意的に指示する.

1. 数項 $\overline{n}$ は，自然数 n を指示する.
2. 項 c_1 と c_2 が順に自然数 n_1 と n_2 を指示するとき，$(c_1 + c_2)$ は $n_1 + n_2$，$(c_1 \cdot c_2)$ は $n_1 \cdot n_2$，$(c_1 \, \mathbf{E} \, c_2)$ は $n_1^{n_2}$，c_1' は $n_1 + 1$ を指示する.

たとえば，定項 $((0''' + 0') \cdot (0'' \, \mathbf{E} \, 0'''))'$ は，自然数 $(4 \cdot 2^3) + 1$，すなわち 33 を指示する.

§2. 言語 $\mathscr{L}_\mathrm{E}$ における真理概念

ここで，言語 $\mathscr{L}_\mathrm{E}$ の文が真であることが何を意味するのか定義することにしよう．この定義は，文の次数に関して帰納的に与えられる．言語 $\mathscr{L}_\mathrm{E}$ の真理条件は，次の通りである．

T_0：1. 原子文 $c_1 = c_2$（c_1 と c_2 は定項）は，（上記の指示規則によって）c_1 と c_2 が等しい自然数を指示するとき，そしてそのときに限って真である．

2. 原子文 $c_1 \leq c_2$ は，c_1 に指示される自然数が c_2 に指示される自然数以下であるとき，そしてそのときに限って真である．

T_1：否定文 $\sim X$ は，X が真でないとき，そしてそのときに限って真である．

T_2：含意文 $X \supset Y$ は，X が真でないか X と Y がともに真であるとき，そしてそのときに限って真である．

T_3：全称文 $\forall v_i F$ は，すべての数 n に対して文 $F(\overline{n})$ が真であるとき，そしてそのときに限って真である．

条件 T_0 は，原子文の真理条件を直接定義している．条件 T_1，T_2，T_3 は，非原子文の真理条件を，次数のより低いすべての文の真理条件によって定義している．［条件 T_3 において，F の次数が $\forall v_i F$ の次数よりも低いことに注意してほしい．よって，すべての数 n に対して，$F(\overline{n})$ は $\forall v_i F$ よりも次数が低い．このとき，$\forall v_i F$ が文である以上，v_i 以外の変数は F の自由出現ではない．よって $F(\overline{n})$ も文となる．］

開いた論理式 $F(v_{i_1}, \cdots, v_{i_k})$ を真や偽と呼ぶことはできないが，すべての数 n_1，$\cdots$，n_k に対して文 $F(\overline{n}_1, \cdots, \overline{n}_k)$ が真であるとき，論理式 $F(v_{i_1}, \cdots, v_{i_k})$ を**正確**であるという．

問題 1

1. 任意の文 X と Y に対して，文 $X \land Y$ は，X と Y がともに真であるとき，そしてそのときに限って真であることを証明せよ．

2. 任意の文 X と Y に対して，文 $X \lor Y$ は，X または Y が真であるとき，そしてそのときに限って真であることを証明せよ．

3. 変数 v_i のみが自由出現する任意の論理式 F に対して，文 $\exists v_i F$ は，少なくとも 1 個の数 n に対して $F(\overline{n})$ が真であるとき，そしてそのときに限って真であることを証明せよ．

22   第 II 章　算術におけるタルスキーの定理

変数の代入　変数 v_1 のみが自由出現する任意の論理式 $F(v_1)$ を考えてみよう．このとき，任意の変数 v_i（$i \neq 1$）に対して，$F(v_i)$ は次のように定義される．

1. 変数 v_i が F の束縛出現でない場合：論理式 $F(v_i)$ は，F のすべての自由変数 v_1 に v_i を代入した結果である．

2. 変数 v_i が F の束縛出現である場合：変数 v_j が F に出現しないような最小の数 j に対して，F のすべての v_i の出現に v_j を代入し，この論理式を $F'(v_j)$ とおくと，論理式 $F(v_i)$ は，$F'(v_j)$ のすべての自由変数 v_1 に v_i を代入した結果である．

たとえば，$F(v_1)$ が論理式 $\exists v_2(v_2 \neq v_1)$ であるとき，この論理式は正確である．このとき，$F(v_2)$ は，明らかに正確でない論理式 $\exists v_2(v_2 \neq v_2)$ ではなく，正確な論理式 $\exists v_3(v_3 \neq v_2)$ を表す．

1 個以上の自由変数を含む正則論理式 $F(v_1, \cdots, v_n)$ に対しても，同様に定義する．任意の変数 $v_{i_1}, \cdots, v_{i_n}$ に対して，最初にどの変数 $v_{i_1}, \cdots, v_{i_n}$ も F の束縛出現ではないように書き換え，次に変数 $v_1, \cdots, v_n$ の自由出現に $v_{i_1}, \cdots, v_{i_n}$ を代入する．その結果を，$F(v_{i_1}, \cdots, v_{i_n})$ で表す．

2 個の文は，ともに真であるかともに偽であるとき，そしてそのときに限って，（算術的に）**同値**と呼ばれる．同じ変数が自由出現する開いた 2 個の論理式 $F(v_{i_1}, \cdots, v_{i_k})$ と $G(v_{i_1}, \cdots, v_{i_k})$ が同値であるとは，すべての数 $n_1, \cdots, n_k$ に対して，文 $F(\overline{n}_1, \cdots, \overline{n}_k)$ と文 $G(\overline{n}_1, \cdots, \overline{n}_k)$ が同値であることを意味する．

§3. 算術的$_E$ および算術的な集合と関係

変数 v_1 のみが自由出現する任意の論理式 $F(v_1)$ に対して，$F(v_1)$ は，文 $F(\overline{n})$ を真にするすべての数 n の集合を**言及する**という．よって，論理式 $F(v_1)$ が集合 A を言及するのは，すべての数 n に対して，

$$F(\overline{n}) \text{ が真である} \Longleftrightarrow n \in A$$

が成立するとき，そしてそのときに限る．

正則論理式 $F(v_1, \cdots, v_n)$ は，文 $F(\overline{k}_1, \cdots, \overline{k}_n)$ を真にするすべての数の n 組 $(k_1, \cdots, k_n)$ の集合を**言及する**という．よって，正則論理式 $F(v_1, \cdots, v_n)$ が関係[†]

[†][訳注]　（n 項）関係 R とはその関係をみたす数の n 組の集合であり，数の n 組 $(x_1, \cdots, x_n)$ が関係 R をみたすとき $R(x_1, \cdots, x_n)$ と表記する．

I. 言　語　$\mathscr{L}_E$　　　　23

$R(x_1, \cdots, x_n)$ を言及するのは, すべての数 $k_1, \cdots, k_n$ に対して,

$$F(\overline{k}_1, \cdots, \overline{k}_n) \text{ が真である} \iff R(k_1, \cdots, k_n)$$

が成立するとき, そしてそのときに限る.

　たとえば, 偶数の集合は論理式 $\exists v_2(v_1 = 0'' \cdot v_2)$ に言及される. ［自然数は 2 で割り切れるとき, そしてそのときに限って偶数だから.］

　集合と関係が, 言語 $\mathscr{L}_E$ の論理式に言及されるときには**算術的**$_E$（**Arithmetic**）と呼び, べき乗記号「**E**」の出現しない言語 $\mathscr{L}_E$ の論理式に言及されるときには**算術的**（**arithmetic**）と呼ぶことにする. ［原文の大文字「A」と小文字「a」の区別に注意.］**算術的**$_E$ 関係（または集合）は, 非形式的には, 加法・乗法・べき乗に基づく 1 階述語論理で定義可能であり, **算術的**関係は, 加法・乗法のみから定義可能である. ［大小関係を含める必要はない. 関係 $x_1 \leq x_2$ は, 論理式 $\exists v_3(v_1 + v_3 = v_2)$ に言及されるため, 加法のみから定義可能である.］

　べき乗の関係 $x^y = z$ が, 加法と乗法のみから定義可能であるというゲーデルが導いた帰結は, 後の章で証明される. 実際には, すべての算術的$_E$ 関係と集合は算術的なのだが, その事実を証明するまでは, 算術的$_E$ という用語を使うことにする.

　関係 $f(x_1, \cdots, x_n) = y$ が算術的$_E$ であるとき,（自然数の n 組から自然数への）関数 $f(x_1, \cdots, x_n)$ も算術的$_E$ と呼ばれる. よって, 関数 $f(x_1, \cdots, x_n)$ が算術的$_E$ であるのは, 次の場合, そしてその場合に限る：すべての数 $x_1, \cdots, x_n, y$ に対して, $f(x_1, \cdots, x_n) = y$ であるとき, そしてそのときに限って, 文 $F(\overline{x}_1, \cdots, \overline{x}_n, \overline{y})$ を真にする論理式 $F(v_1, \cdots, v_n, v_{n+1})$ が存在する.

　以下,（自然数の）任意の**性質** P を算術的$_E$ と呼ぶ場合は, 性質 P を持つ自然数の集合が算術的$_E$ であることを意味する. 関係あるいは性質をまとめて**条件**と呼ぶこともある.

問題 2
1. 関係「$x \operatorname{div} y$」（x は y を割り切る）が算術的であることを証明せよ.
2. 素数の集合が算術的であることを証明せよ.

問題 3　自然数の任意の集合 A と（自然数から自然数への）任意の関数 $f(x)$ に対して, $f(n) \in A$ をみたすすべての数 n の集合を $f^{-1}(A)$ で表す. このとき,

集合 A と関数 f が算術的$_\mathrm{E}$ であれば，関数 $f^{-1}(A)$ も算術的$_\mathrm{E}$ であることを証明せよ．同じことを，「算術的」に対しても証明せよ．

問題 4

1. 任意の算術的$_\mathrm{E}$ 関数 $f(x)$ と $g(y)$ に対して，関数 $f(g(y))$ が算術的$_\mathrm{E}$ であることを証明せよ．

2. 任意の算術的$_\mathrm{E}$ 関数 $f(x)$ と $g(x, y)$ に対して，関数：

$$g(f(y), y), g(x, f(y)), f(g(x, y))$$

がすべて算術的$_\mathrm{E}$ であることを証明せよ．

問題 5 算術的$_\mathrm{E}$ 無限集合 A および任意の数 y（A に含まれるか否かにかかわらず）に対して，y よりも大きい A の要素 x が必ず存在することを証明せよ．このとき，「x は y よりも大きい A の最小要素である」という関係 $R(x, y)$ について，$R(x, y)$ が算術的$_\mathrm{E}$ であることを証明せよ．

II. 連結とゲーデル符号化

§4. b を底とする連結

この節では，任意の数 $b \geq 2$ に対して，b を底とする**連結**と呼ばれる関数：

$$x *_b y$$

を定義する．この**連結**を表す関数は，本書を通して重要な役割を果たす．

最初に，通常の底 10 について定義しよう．任意の数 m と n に対して，関数 $m *_{10} n$ は，10 進法で表記したときに数 m のあとに数 n を続けた数と定義する．たとえば，$53 *_{10} 792 = 53792$ である．このとき，

$$53792 = 53000 + 792 = 53 \cdot 10^3 + 792$$

であり，3 が 792 の（10 進法表記の）桁数であることに注意してほしい．このとき，3 は 792 の（10 進法における）**長さ**と呼ばれる．

一般に，$\ell(n)$ が数 n の（10 進法表記での）長さを表すとき，

$$m *_{10} n = m \cdot 10^{\ell(n)} + n.$$

より一般的には，任意の数 $b \geq 2$ に対して，関数 $m *_b n$ は，b 進法表記による数 m のあとに数 n を続けた b 進法の数と定義する．そこで，$\ell_b(n)$ が数 n の（b 進法における）長さを表すとき，

$$m *_b n = m \cdot b^{\ell_b(n)} + n.$$

次の命題は，連結の基礎になる．

命題1 任意の数 $b \geq 2$ に対して，関係 $x *_b y = z$ は算術的$_\mathrm{E}$である．

命題1を証明する前に，本質的な概念を説明しよう．まず，通常の10進法を考える．任意の正の数 n に対して，数 $\ell_{10}(n)$ は $10^k > n$ をみたす最小数 k を表し，$10^{\ell_{10}(n)}$ は n よりも大きい10のべき乗の最小数を表している（たとえば，$10^{\ell_{10}(5368)} = 10^4 = 10000$ であり，これは 5368 よりも大きい10のべき乗の最小数を表している）．一般に，任意の数 $b \geq 2$ と自然数 n に対して，$b^{\ell_b(n)}$ は，n が正の数であれば n よりも大きい b のべき乗の最小数，$n = 0$ ならば b を表すものとする．

[証明] 任意の数 $b \geq 2$ に対して証明する．

1. 数 x が b のべき乗である条件を $\mathrm{Pow}_b(x)$ とおく．そこで，条件 $\mathrm{Pow}_b(x)$ は，$\exists y(x = b^y)$ であるとき，そしてそのときに限って成立することから，算術的$_\mathrm{E}$である．[より形式的には，「b のべき乗の集合が，論理式 $\exists v_2(v_1 = (\bar{b} \, \mathbf{E} \, v_2))$ に言及される」と表現しなければならないが，ここまで形式的な表現は，もはや使わないことにしよう！]

2. （x と y の関係を表す）関係 $b^{\ell_b(x)} = y$ は，すでに述べたように，関係「y は x よりも大きい b のべき乗の最小数である」を $s(x, y)$ とおくと，

$$(x = 0 \land y = b) \lor (x \neq 0 \land s(x, y))$$

と同値である．この条件は，算術的$_\mathrm{E}$である．なぜなら，関係 $s(x, y)$ が成立するとき，そしてそのときに限って，

$$\mathrm{Pow}_b(y) \land x < y \land \forall z((\mathrm{Pow}_b(z) \land x < z) \supset y \leq z).$$

［条件 $x < y$ は，$x \leq y \wedge \sim(x = y)$ と同値である．よって，この条件も算術的$_\mathrm{E}$ である．］

3. 最後に，関係 $x \cdot b^{\ell_b(y)} + y = z$（すなわち，$x *_b y = z$）は，

$$\exists z_1 \exists z_2 (b^{\ell_b(y)} = z_1 \wedge x \cdot z_1 = z_2 \wedge z_2 + y = z)$$

と同値である．よって，関係 $x *_b y = z$ も算術的$_\mathrm{E}$ である．

任意の正の数 x, y, z に対して，

$$(x *_b y) *_b z = x *_b (y *_b z).$$

ところが，$y = 0$ の場合は成立しない．［クワインの例を使うと，$(5 *_{10} 0) *_{10} 3 = 50 *_{10} 3 = 503$．しかし，$0 *_{10} 3 = 3$ より，$5 *_{10} (0 *_{10} 3) = 5 *_{10} 3 = 53$．］したがって，かっこを省略する場合は，左側の演算を優先するかっこが省略されたものとする．［つまり，$x *_b y *_b z$ は $(x *_b y) *_b z$ の省略であり，$x *_b (y *_b z)$ の省略ではない．］

系 1 任意の数 $n \geq 2$ と $b \geq 2$ に対して，$(x_1, x_2, \cdots, x_n, y)$ に対する $(n+1)$ 項）関係：

$$x_1 *_b x_2 *_b \cdots *_b x_n = y$$

は算術的$_\mathrm{E}$ である．

［証明］ $n \geq 2$ に関する帰納法による．$n = 2$ の場合はすでに証明した．$n \geq 2$ の場合，関係 $x_1 *_b x_2 *_b \cdots *_b x_n = y$ が成立すると仮定する．このとき，

$$x_1 *_b x_2 *_b \cdots *_b x_n *_b x_{n+1} = y$$
$$\Leftrightarrow \exists z (x_1 *_b x_2 *_b \cdots *_b x_n = z \wedge z *_b x_{n+1} = y).$$

よって，この関係は算術的$_\mathrm{E}$ である．

§5. ゲーデル符号化

算術的$_\mathrm{E}$ な文（すなわち，言語 $\mathscr{L}_\mathrm{E}$ の文）は，数について言及するのであって，$\mathscr{L}_\mathrm{E}$ の式について言及するわけではない．式にゲーデル数を割り当てる目的は，文

が（直接的にゲーデル数を言及することによって）間接的に式を言及できるようにすることである．

　ここで用いるのは，Quine［1940］によるゲーデル符号化を修正したものである．クワインは，9 種類の記号 $S_1, S_2, \cdots, S_9$ を用いて言語を形式化し，任意の複合式：

$$S_{i_1} S_{i_2} \cdots S_{i_n}$$

が，10 進法表記のゲーデル数 $i_1 i_2 \cdots i_n$ を持つようなゲーデル符号化を構成した（たとえば，式 $S_3 S_1 S_2$ のゲーデル数は 312 である）．

　言語 $\mathscr{L}_\mathrm{E}$ は，13 種類の記号によって形式化されている．そこで，通常の 10 の代わりに 13 を底とする連結を用いる以外は，クワインと同じ方法を使う．［13 は素数であり，素数を底とする連結は，10 のような合成数を底とする連結よりも技術的に優れている．これについては，後の章でくわしく述べる．］

　言語 $\mathscr{L}_\mathrm{E}$ の 13 進法表記では，$\eta, \varepsilon, \delta$ を順に 10 進法表記の 10，11，12 の代わりに用いる．よって 13 個の記号には，次のゲーデル数を割り当てる．

0	$'$	(	)	f	,	v	$\sim$	$\supset$	$\forall$	$=$	$\leq$	$\sharp$
1	0	2	3	4	5	6	7	8	9	η	ε	δ

これらの記号の任意の組み合わせに対して，それぞれの記号に対応する数字を順に割り当て，13 進法の数字列として読めばよい．たとえば，4 番目・7 番目・3 番目の記号が順に並んだ記号列) v (のゲーデル数は，13 進法の「362」（すなわち，$2 + (6 \cdot 13) + (3 \cdot 13^2)$）である．

　任意の数 $n > 0$ に対して，n をゲーデル数に持つ式を E_n と定義する．プライム記号のゲーデル数は 0 であることから，単独のプライム記号は式 E_0 と定義できる．つまり，**式**とは，プライム記号単体か，または 13 種類の記号を用いたプライムで始まらない記号列のことである．

　任意の式 E_x と E_y に対して，E_x に E_y が続く記号列を $E_x E_y$ と表すとき，上記のゲーデル符号化の規則により，$E_x E_y$ のゲーデル数は $x *_{13} y$ となる．

　プライム記号のゲーデル数を 0 と定義した理由を述べておこう．任意の数 n に対して，数項 $\bar{n}$ は（他の式と同じように）ゲーデル数を持つ．ここで，数項 $\bar{n}$ のゲーデル数が n の算術的$_\mathrm{E}$ 関数であるようにゲーデル符号化を行いたいわけである．さて，数項 $\bar{n}$ は記号 0 に n 個のプライムが続く記号列であり，そのゲーデル

数は「1」に n 個の「0」が続く 13 進法の数となる. よって, 数項 $\overline{n}$ は単純に 13^n と表現される.

[解説] この章と次の章のゲーデル符号化は, 次の 2 つの性質を持つ.

1. 任意の式 X と Y が順にゲーデル数 x と y を持つとき, XY のゲーデル数が $x \circ y$ であるような算術的$_E$ 関数 $x \circ y$ が存在する.

2. 任意の数 n に対して, 数項 $\overline{n}$ のゲーデル数は n の算術的$_E$ 関数である.

これらの 2 つの性質を非常に簡単に得ることができるため, この章では特定のゲーデル符号化を用いたわけである. 一般に, 性質 1 を持つようなゲーデル符号化は, 必ず性質 2 を持つ. [このことは, 現時点では明らかではないかもしれない. 自然数の名辞を選択する方法に関係しているのだが, 後の章で明らかになるだろう.]

もちろん, 13 の代わりに 10 を底とするゲーデル符号化を行うこともできる. たとえば, 13 個の記号に順に数:

$$1, \quad 0, \quad 2, \quad 3, \quad 4, \quad 5, \quad 6, \quad 7, \quad 89, \quad 899, \quad 8999, \quad 89999, \quad 899999$$

を割り当てて, 通常の 10 進法によるゲーデル数を与えてもよい. このゲーデル符号化では, 数項 $\overline{n}$ のゲーデル数は 13^n ではなく, 10^n となるが, すでに述べたように, 素数を底とする方がいくつかの点で技術的に優れている.

以下 (および, 次の章全体) においては, 底として 13 を使用し, 式 $x *_{13} y$ を省略して式 $x * y$ と表記する. [底として 10 をお好みの読者は, 式 $x * y$ を式 $x *_{10} y$ と読んでもかまわないが, その場合は, 13^x を 10^x と読まなければならない.]

III. タルスキーの定理

§6. 対角化とゲーデル文

言語 $\mathscr{L}_E$ において, 真である文のゲーデル数の集合を T と定義する. この集合 T は, 完全に定義可能な自然数の集合である. さて, この集合 T は算術的$_E$ だろうか? この節では, そうではないこと (タルスキーの定理) を示す.

すでに第 I 章で述べたように, 数集合 A に対して, 文 X が真であると同時にそのゲーデル数が A の要素であるか, あるいは, 文 X が偽であると同時にそのゲーデル数が A の要素ではないとき, 文 X は A の**ゲーデル文**と呼ばれる. この節の

III. タルスキーの定理　29

　主要な目標は，すべての算術的$_\mathrm{E}$集合 A に対して，ゲーデル文の存在を示すこと（タルスキーの定理はここから簡単に導かれる）である．

　ゲーデル文を構成するためには数多くの興味深い方法があり，それらを書くだけで，ほとんど1冊の本になってしまうだろう．ゲーデルが用いたオリジナルの方法は，任意の数 x と y に対して，x が論理式 $F(v_1)$ のゲーデル数であれば，関数 $\mathrm{sub}(x, y)$ が $F(\overline{y})$ のゲーデル数となるような，算術的$_\mathrm{E}$関数 $\mathrm{sub}(x, y)$ の存在を示すものであった．この方法は，変数に数項を代入するための演算自体の算術化を含むため，比較的複雑なものになっている．ここでは，その代わりに Tarski [1953] の方法を用いて，より単純な証明を行う．

　非形式的に，与えられた数 n に対して与えられた性質 P が成立することは，n と等しいすべての数 x に対して P が成立することと同値である．形式的には，自由変数 v_1 のみを含む論理式 $F(v_1)$ が与えられたとき，文 $F(\overline{n})$ は，

$$\forall v_1(v_1 = \overline{n} \supset F(v_1))$$

と同値である．[あるいは，文 $\exists v_1(v_1 = \overline{n} \wedge F(v_1))$ と同値である．] さて，文 $\forall v_1(v_1 = \overline{n} \supset F(v_1))$ のゲーデル数が，論理式 $F(v_1)$ のゲーデル数と数 n の算術的$_\mathrm{E}$関数であることを示すのは比較的単純であり，これが重要な点である．

　これからは，任意の論理式 $F(v_1)$ と任意の数 n に対して，

$$\forall v_1(v_1 = \overline{n} \supset F(v_1))$$

を $F[\overline{n}]$ と省略する．再び重要な点を確認すると，文 $F(\overline{n})$ と文 $F[\overline{n}]$ は，同じ文ではないが，同値である（ともに真かともに偽）ということである．

　実際に，任意の式 E に対して，それが論理式か否かにかかわらず，

$$\forall v_1(v_1 = \overline{n} \supset E)$$

は完全に厳密に定義された式（ただし，E が論理式でなければ無意味だが）である．よって，$E[\overline{n}]$ を（無意味かもしれないが）式 $\forall v_1(v_1 = \overline{n} \supset E)$ の省略とする．もし E が論理式であれば，$E[\overline{n}]$ も論理式となるが，必ずしも文ではない．もし E が自由変数 v_1 のみを含めば，もちろん，$E[\overline{n}]$ も文である．いずれにしても，$E[\overline{n}]$ が明確に定義された式であることに変わりはない．

　任意の数 e と n に対して，e をゲーデル数に持つ式を E とおき，式 $E[\overline{n}]$ のゲーデル数を $r(e, n)$ とおく．よって，任意の数 x と y に対して，数 $r(x, y)$ は $E_x[\overline{y}]$

のゲーデル数である．本書で重要な役割を果たすこの関数 $r(x,y)$ が，算術的$_\mathrm{E}$ であることをここで証明しよう．

式 $E_x[\overline{y}]$ は，式 $\forall v_1(v_1 = \overline{y} \supset E_x)$ である．ここで，

$$\forall v_1(v_1 =$$

のゲーデル数を k とおく．［もしそうしたければ，実際のゲーデル数を書いてもよい．］含意記号「$\supset$」のゲーデル数は 8 であり，右かっこ「)」のゲーデル数は 3 である．数項 $\overline{y}$ のゲーデル数は 13^y であり，式 E_x のゲーデル数は x である．この状況を図式化すると，次のようになる．

$$\underbrace{\forall v_1(v_1 =}_{k} \quad \underbrace{\overline{y}}_{13^y} \quad \underbrace{\supset}_{8} \quad \underbrace{E_x}_{x} \quad \underbrace{)}_{3}$$

つまり，式 $E_x[\overline{y}]$ のゲーデル数は $k * 13^y * 8 * x * 3$ であり，よって，

$$r(x,y) = k * 13^y * 8 * x * 3.$$

したがって，関係 $r(x,y) = z$ は明らかに算術的$_\mathrm{E}$ である．［なぜなら，$\exists w(w = 13^y \wedge z = k * w * 8 * x * 3)$ と同値だから．］

以上から，次の命題が証明された．

命題 2 関数 $r(x,y)$ は算術的$_\mathrm{E}$ である．

本書に何度も現われる関数 $r(x,y)$ は，言語 $\mathscr{L}_\mathrm{E}$ の**表現関数**と呼ばれる．

対角化 さて，$d(x) = r(x,x)$ とおく，この関数 $d(x)$ が，**対角関数**である．関数 $r(x,y)$ が算術的$_\mathrm{E}$ であることから，$d(x)$ も明らかに算術的$_\mathrm{E}$ である．任意の数 n に対して，$d(n)$ は $E_n[\overline{n}]$ のゲーデル数を表している．

任意の数集合 A に対して，$d(n) \in A$ をみたすすべての数 n の集合を A^* とおく．［つまり，$A^* = d^{-1}(A)$ である．］

補助定理 1 集合 A が算術的$_\mathrm{E}$ であれば，集合 A^* も算術的$_\mathrm{E}$ である．

［証明］ 集合 A^* は，$\exists y(d(x) = y \wedge y \in A)$ をみたすすべての x の集合である．こ

こで，対角関数 $d(x)$ が算術的$_E$ であることから，関係 $d(x) = y$ を言及する論理式 $D(v_1, v_2)$ が存在する．さて，集合 A を言及する論理式を $F(v_1)$ とおく．すると，集合 A^* は，

$$\exists v_2(D(v_1, v_2) \land F(v_2))$$

に言及される．［あるいは，論理式 $\forall v_2(D(v_1, v_2) \supset F(v_2))$ に言及される．］

定理 1　すべての算術的$_E$ 集合 A に対して，A のゲーデル文が存在する．

［証明］　補助定理 1 と第 I 章の補助定理 D から簡単に導くことができる（次の解説を参照）が，特に，言語 $\mathscr{L}_E$ に対しても，くり返し証明しておこう．集合 A を算術的$_E$ とおく．補助定理 1 により，集合 A^* も算術的$_E$ である．このとき，集合 A^* を言及する論理式を $H(v_1)$ とおき，そのゲーデル数を h とおく．そこで，

$$H[\overline{h}] \text{ は真である} \Leftrightarrow h \in A^* \Leftrightarrow d(h) \in A.$$

しかし，$d(h)$ は $H[\overline{h}]$ のゲーデル数である．したがって，$H[\overline{h}]$ は集合 A のゲーデル文である．

［解説］　第 I 章の抽象形式を言語 $\mathscr{L}_E$ に応用する上で，すべての式 E とすべての数 n に式 $E(n)$ を割り当てる関数を想定したことを思い起こしてほしい．さて，言語 $\mathscr{L}_E$ において，$E(n)$ は $E[\overline{n}]$ と定義された．「述語」は v_1 のみを自由変数とする論理式 $F(v_1)$ である．よって，上記の補助定理 1 は，第 I 章の条件 G_1 が言語 $\mathscr{L}_E$ においても成立することを意味している．つまり，上記の定理 1 は，第 I 章の補助定理 D（b）の特別な場合にほかならない．

タルスキーの定理について　算術的$_E$ 集合のクラスは，明らかに補元について閉じている．なぜなら，もし論理式 $F(v_1)$ が集合 A を言及するならば，その否定 $\sim F(v_1)$ は A の補集合 $\widetilde{A}$ を言及するからである．よって，第 I 章の条件 G_1 と G_2 は，言語 $\mathscr{L}_E$ に対しても成立する．したがって，第 I 章の定理 T により，言語 $\mathscr{L}_E$ の真である文のゲーデル数の集合 T は，$\mathscr{L}_E$ において言及不可能である．すなわち，集合 T は算術的$_E$ でない．

特に言語 $\mathscr{L}_E$ に対して証明をくり返すと，次のようになる．まず，集合 $\widetilde{T}$ のゲ

ーデル文は存在しない．なぜなら，その文は，それが真ではないとき，そしてそのときに限って真でなければならないからである．しかし，もし集合 $\widetilde{T}$ が算術的${}_E$ であれば，定理 1 により，$\widetilde{T}$ のゲーデル文が存在することになる．したがって，$\widetilde{T}$ は算術的${}_E$ ではない．ゆえに，集合 T も算術的${}_E$ ではない．以上から，次の定理が証明された．

定理 2 ［**タルスキーの定理**］　真である算術的${}_E$ 文のゲーデル数の集合 T は，算術的${}_E$ ではない．

次の章では，「算術${}_E$」の形式的な公理体系を構成する．表面的には，すべての真である文は体系で証明可能であるように見える．しかし，体系の証明可能な文のゲーデル数の集合は，集合 T とは異なり，算術的${}_E$ なのである．したがって，定理 2 により，真理性と証明可能性は一致しない．事実，定理 1 により，真であるにもかかわらず体系で証明可能でない文を構成することができるわけである．

問題 6
1. 本章のゲーデル符号化の方法を用いて，10 を底とするゲーデル符号化により，偶数の集合のゲーデル文 X を求めよ．このとき，文 X のゲーデル数が偶数であるときに限って X は真となる．さて，文 X は真か偽か？
2. 奇数の集合に対して，上記と同様の問題に答えよ．

問題 7　次のような算術的${}_E$ 関数 $f(x)$ を求めよ：任意の数 n に対して，n が自由変数 v_1 のみを含む論理式 $F(v_1)$ のゲーデル数であれば，$f(n)$ は論理式 $F(v_1)$ が言及する集合のゲーデル文のゲーデル数である．［このような関数 $f(x)$ は，**ゲーデル化関数**と呼ばれるのがふさわしいだろう．］

問題 8　任意の算術的${}_E$ 集合 A と B に対して，A が Y のゲーデル数を含むとき，そしてそのときに限って X は真であり，B が X のゲーデル数を含むとき，そしてそのときに限って Y は真であるような，文 X と文 Y が存在することを証明せよ．この状況は，**相互参照**の一例を示している．文 X は，「Y のゲーデル数が A に含まれる」と主張する文，文 Y は，「X のゲーデル数が B に含まれる」と主張する文と考えられる．［それほど簡単ではない！］

第 III 章

べき乗に基づくペアノ算術における不完全性

I. 公理体系 $\mathscr{P}.\mathscr{E}.$

§1. 公理体系 $\mathscr{P}.\mathscr{E}.$

この章では，べき乗に基づくペアノ算術または「$\mathscr{P}.\mathscr{E}.$」と呼ばれる公理体系を形式化する．この体系は，**公理**と呼ばれる正確な論理式と，すでに証明された正確な論理式から新たに正確な論理式を導く 2 つの**推論規則**によって構成される．公理は無限に多く存在するが，それぞれの公理は 19 種類の単純な形式として識別される．このような公理の形式は，**公理スキーマ**と呼ばれる．体系 $\mathscr{P}.\mathscr{E}.$ の公理スキーマは，4 つのグループに分類される．グループ I・II の公理スキーマは，**論理公理**と呼ばれ，Tarski［1964］に基づく体系を Montague-Kalish［1964］が改良したもので，（等号を含む）1 階述語論理の形式化を行う．グループ III・IV の公理スキーマは，**算術公理**と呼ばれる．

以下の公理スキーマにおいて，F, G, H は任意の論理式，v_i, v_j は任意の変数，t は任意の項を表す．たとえば，最初の公理スキーマ L_1 は，任意の論理式 F と G に対して，論理式 $(F \supset (G \supset F))$ が公理であることを意味する．また，公理スキーマ L_4 は，任意の論理式 F と G，任意の変数 v_i に対して，

$$(\forall v_i (F \supset G) \supset (\forall v_i F \supset \forall v_i G))$$

34 第 III 章 べき乗に基づくペアノ算術における不完全性

が公理であることを意味する.

グループ I：命題論理の公理スキーマ

L_1：$(F \supset (G \supset F))$

L_2：$(F \supset (G \supset H)) \supset ((F \supset G) \supset (F \supset H))$

L_3：$((\sim F \supset \sim G) \supset (G \supset F))$

グループ II：1 階述語論理（等号を含む）の公理スキーマ

L_4：$(\forall v_i(F \supset G) \supset (\forall v_i F \supset \forall v_i G))$

L_5：$(F \supset \forall v_i F)$　（ただし，変数 v_i は F に出現しない）

L_6：$\exists v_i(v_i = t)$　（ただし，変数 v_i は t に出現しない）

L_7：$(v_i = t \supset (X_1 v_i X_2 \supset X_1 t X_2))$

　　　　（式 X_1 と X_2 は，$X_1 v_i X_2$ を原子論理式にする任意の式）

[この公理スキーマは，$(v_i = t \supset (Y_1 \supset Y_2))$ と表されることもある．この場合，Y_1 は任意の原子論理式であり，Y_1 における v_i の出現の任意の 1 個を項 t で置き換えた式が Y_2 となる．]

グループ III：算術の公理スキーマ

N_1：$(v_1{}' = v_2{}' \supset v_1 = v_2)$

N_2：$\sim \overline{0} = v_1{}'$

N_3：$(v_1 + \overline{0}) = v_1$

N_4：$(v_1 + v_2{}') = (v_1 + v_2)'$

N_5：$(v_1 \cdot \overline{0}) = \overline{0}$

N_6：$(v_1 \cdot v_2{}') = ((v_1 \cdot v_2) + v_1)$

N_7：$(v_1 \leq \overline{0} \equiv v_1 = \overline{0})$

N_8：$(v_1 \leq v_2{}' \equiv (v_1 \leq v_2 \vee v_1 = v_2{}'))$

N_9：$((v_1 \leq v_2) \vee (v_2 \leq v_1))$

N_{10}：$(v_1 \mathbf{E} \overline{0}) = \overline{0}{}'$

N_{11}：$(v_1 \mathbf{E} v_2{}') = ((v_1 \mathbf{E} v_2) \cdot v_1)$

グループ IV：帰納法の公理スキーマ
帰納法の公理スキーマは単一の公理スキーマにすぎないが，論理式 $F(v_1)$ に対してひとつずつの公理を無限に多く生

成する．この形式において，$F(v_1)$ は任意の論理式（変数 v_1 以外に，自由出現する変数を含んでもよい）である．このとき，F に出現しない任意の変数 v_i に対して

$$\forall v_i(v_i = v_1{}' \supset \forall v_1(v_1 = v_i \supset F))$$

の形式の**任意の論理式**を $F[v_1{}']$ とおく．[これらの論理式は，$F(v_1)$ における変数 v_1 のすべての自由出現に項 $v_1{}'$ を代入した論理式 $F(v_1{}')$ と同値である．] このとき，公理スキーマは，次のようになる．

$\mathrm{N}_{12}：(F[\overline{0}] \supset (\forall v_1(F(v_1) \supset F[v_1{}']) \supset \forall v_1 F(v_1)))$

[解説] グループ I の公理スキーマは，標準的な命題論理の体系を構成する（Church［1956］参照）．（モンタギューとカリッシュによる）グループ II の公理スキーマは，変数の自由出現に項を代入するという方法を用いない点で，技術的に優れている．これによって，実際には，変数の自由・束縛出現という概念さえ用いる必要がなくなる．公理スキーマ L_7 では，それに代えて，変数 1 個の出現を項に置き換えるだけの単純な**置換**の概念が用いられている．

推論規則 体系 $\mathscr{P.E.}$ は，次の標準的な 2 つの推論規則を持つ．

　　規則 1：**モドゥスポネンス** 式 F と $(F \supset G)$ から式 G を導く．

　　規則 2：**一般化** 式 F から式 $\forall v_i F$ を導く．

体系 $\mathscr{P.E.}$ の**証明**は，論理式の有限列であり，その列のすべての要素は，公理か，それよりも前にある 2 つの論理式からモドゥスポネンスによって導かれた論理式か，あるいは，それよりも前にある論理式から一般化によって導かれた論理式である．論理式 F は，列の最後の論理式が F であるような証明（論理式 F の**証明**と呼ばれる）が存在するとき，**証明可能**と呼ばれる．論理式 F の否定が $\mathscr{P.E.}$ で証明可能であるとき，F は**反証可能**と呼ばれる．

II. 公理体系の算術化

この節では，体系 $\mathscr{P.E.}$ の証明可能な論理式のゲーデル数の集合が算術的$_\mathrm{E}$ な集

36　　　第 III 章　べき乗に基づくペアノ算術における不完全性

合であることを証明する.

§2. 基 礎 概 念

任意の数 $b \geq 2$ と $n \geq 2$ に対して,

$$x *_b y = z$$

および,

$$x_1 *_b x_2 *_b \cdots *_b x_n = y$$

が算術的$_E$ であることをすでに証明した（第 II 章の命題 1 と系 1 による）.

さて, b 進法表記において数 x が数 y を**始める**とは, x の b 進法表記が y の b 進法表記の最初の切片であることを意味する.［たとえば, 10 進法表記において, 593 は 59348 を始める. また, 593 は 593 を始める.］数 0 は, 0 を除く数を始めない.［59=059 であるからといって, 0 が 59 を始めるとは言わない.］b 進法表記において, 数 x が数 y を始めるとき, この条件を「xB_by」と表記する. 同様に, b 進法表記において数 x が数 y を**終える**とは, x の b 進法表記が y の b 進法表記の最後の切片であることを意味する.［たとえば, 10 進法表記において, 348 は 59348 を終える. また, 48 は 59348 を終え, 59348 はそれ自体を終える. 0 は 570 を終える. 同様に, 70 と 570 は 570 を終える.］b 進法表記において, 数 x が数 y を終えるとき, この条件を「xE_by」と表記する. b 進法表記において, 数 y を始める数を数 x が終えるとき, x は y の**部分**と呼ばれる.［たとえば, 10 進法表記において, 93 は 59348 の部分である. 同様に, 934 と 34 もその部分である. 0 は 5076 の部分だが, 576 の部分ではない.］b 進法表記において, 数 x が数 y の部分であるとき, この条件を「xP_by」と表記する. さて,（b 進法表記において）「x が y を始める」という関係は, 0 が y の部分でないとき, 任意の数 z に対して,

$$x = y \text{ または } x \neq 0, \text{ および } x *_b z = y$$

のとき, そしてそのときに限って成立する.（0 が y の部分である可能性も含む）より一般的には, この関係は, 任意の数 z と b のべき乗数 w に対して,

$$x = y \text{ または } x \neq 0, \text{ および } (x \cdot w) *_b z = y$$

のとき，そしてそのときに限って成立する．［たとえば，10 進法において，この条件は $z = 7$ および $w = 100$ で成立するため，5 は 5007 を始める．同様に，$z = 7$ および $w = 1$ より，5 は 57 を始める．］このとき，数 z と w の値は，必然的に y の値以下（実は，より小さい）であることに注意してほしい．この事実は，次の章で必要となる．

「x が y を終える」および「x は y の部分である」という関係は，より簡単に表現することができ，次の同値関係が成立する．

$$xB_b y \Leftrightarrow x = y \vee (x \neq 0 \wedge (\exists z \leq y)(\exists w \leq y)(\mathrm{Pow}_b(w) \wedge$$
$$(x \cdot w) *_b z = y))$$
$$xE_b y \Leftrightarrow x = y \vee (\exists z \leq y)(z *_b x = y)$$
$$xP_b y \Leftrightarrow (\exists z \leq y)(zE_b y \wedge xB_b z)$$

したがって，関係 $xB_b y$，$xE_b y$，$xP_b y$ は，すべて算術的$_{\mathrm{E}}$ である．それに加えて，

$$x_1 *_b x_2 *_b \cdots *_b x_n P_b y$$
$$\Leftrightarrow (\exists z \leq y)x_1 *_b x_2 *_b \cdots *_b x_n = z \wedge zP_b y.$$

以上により，次の命題が証明された．

命題 1 任意の数 $b \geq 2$ と $n \geq 2$ に対する次の関係は，すべて算術的$_{\mathrm{E}}$ である．

1. $xB_b y$
2. $xE_b y$
3. $xP_b y$
4. $x_1 *_b x_2 *_b \cdots *_b x_n P_b y$

［解説］ 上記の同値関係において，式「$(\exists z \leq y)$」は，より単純に式「$\exists z$」と省略することができ，これらの関係が算術的$_{\mathrm{E}}$ であることを表すためには，省略記号で十分である．より厳密な表記を用いている理由は，これらの関係が単に算術的$_{\mathrm{E}}$ であるばかりでなく，**構成的算術**と呼ばれる関係のより狭義のクラスにも属していることを後で用いるためである．

以下，$b = 13$ とおき，煩雑さを避けるために添字の b を省略して，関係 $x\mathrm{B}y$, $x\mathrm{E}y$, $x\mathrm{P}y$ と表記する．関係 $x *_{13} y$ は，xy と表記する．［乗法は $x \cdot y$ と表記するため，混乱は生じない．］関係 $\sim x\mathrm{P}y$ は $x\widetilde{\mathrm{P}}y$ と省略し，関係 $x_1 *_{13} x_2 *_{13} \cdots *_{13} x_n\mathrm{P}y$ は $x_1 x_2 \cdots x_n\mathrm{P}y$ と省略する．

有限列 言語 $\mathscr{L}_\mathrm{E}$ の記号 $\sharp$ は，今までに一度も用いられていないが，何のための記号か不思議に思われていたかもしれない！ 実はこの記号は，他の 12 個の記号による式の形式的な列を構成するために残してあったのである．12 個の記号による任意の式 X_1，X_2，$\cdots$，X_n に対して，

$$\sharp X_1 \sharp X_2 \sharp \cdots \sharp X_n \sharp$$

は式の n 組 $(X_1, X_2, \cdots, X_n)$ との形式的な対応を表し，そのゲーデル数は**列数**と呼ばれる．

言い換えると，δ（12 の 13 進法数字）が出現しない数 n（13 進法）の集合を K_{11} とおくと，記号 $\sharp$ の出現しないすべての式は，そのゲーデル数を K_{11} に持つことになる．［この集合は，すべての数項，変数，項，論理式を含む．つまり，すべてのいわゆる**有意味な**式を含む．］このとき，集合 K_{11} に含まれる数の任意の有限列 $(a_1, \cdots, a_n)$ に対して，数 $\delta a_1 \delta a_2 \delta \cdots \delta a_n \delta$ を割り当て，これを $(a_1, \cdots, a_n)$ の**列数**と呼ぶ．同時に，数 x が集合 K_{11} の要素の有限列の列数であるとき，x を**列数**と呼ぶ．x が列数であるという条件を「$\mathrm{Seq}(x)$」と表記する．数 y が x を要素に持つ列の列数であるとき，この条件を「$x \in y$」と表記する．［よって，集合 K_{11} の任意の数 x_1，$\cdots$，x_n に対して，$y = \delta x_1 \delta x_2 \delta \cdots \delta x_n \delta$ とおくと，x が x_1，$\cdots$，x_n の 1 つであるとき，そしてそのときに限って，$x \in y$ である．］ここで，x と y が要素である列の列数を z とおく．この列において，x の最初の出現が y の最初の出現よりも前にあるとき，この条件を「$x \underset{z}{\prec} y$」と表記する．

命題 2 条件 $\mathrm{Seq}(x)$，$x \in y$，$x \underset{z}{\prec} y$ は，すべて算術的$_\mathrm{E}$ である．

［証明］

1. $\mathrm{Seq}(x) \Leftrightarrow \delta \mathrm{B}x \wedge \delta \mathrm{E}x \wedge \delta \neq x \wedge \delta\delta\widetilde{\mathrm{P}}x \wedge (\forall y \leq x)(\delta 0 y\mathrm{P}x \supset \delta \mathrm{B}y)$
2. $x \in y \Leftrightarrow \mathrm{Seq}(y) \wedge \delta x\delta\mathrm{P}y \wedge \delta\widetilde{\mathrm{P}}x$

$$3. \ x \underset{z}{\prec} y \Leftrightarrow x \in z \wedge y \in z \wedge (\exists w \leq z)(w\mathrm{B}z \wedge x \in w \wedge \sim y \in w)$$

以下，式 $\forall x(x \in y \supset (\cdots))$ を $(\forall x \in y)(\cdots)$ と省略し，式 $\exists x \exists y(x \underset{w}{\prec} z \wedge y \underset{w}{\prec} z \wedge (\cdots))$ を $(\exists x, y \underset{w}{\prec} z)(\cdots)$ と省略する.

構成列　第 II 章の**項**と**論理式**の定義は帰納的であった．つまり，すでに与えられた項と論理式から，新たな項と論理式を生成する規則にすぎなかったわけである．ここで，より明確な定義を与える.

任意の式 X, Y, Z に対して，Z が $(X+Y)$, $(X \cdot Y)$, $(X\mathbf{E}Y)$, X' のとき，そしてそのときに限って，$\mathrm{Rt}(X,Y,Z)$ と定義する．[式 Rt は，**項の構成関係**と呼ばれる．] 項の**構成列**は，式の有限列 $X_1, \cdots, X_n$ であり，列のすべての要素 X_i は変数または数項であるか，あるいは，$\mathrm{Rt}(X_j, X_k, X_i)$ をみたす要素 X_j と X_k $(j < i, k < i)$ が存在する．よって，項の明確な定義は次のようになる：「式 X を要素にする項の構成列が存在するとき，そしてそのときに限って，X は**項**である．」

論理式に対する定義も同様である．任意の式 X, Y, Z に対して，Z が $\sim X$, $(X \supset Y)$, または任意の変数 v_i に対する $\forall v_i X$ であるとき，$\mathrm{Rf}(X,Y,Z)$ が成立すると定義する．[Rf は，**論理式の構成関係**と呼ばれる．] 論理式の**構成列**は，式の有限列 $X_1, \cdots, X_n$ であり，すべての $i \leq n$ に対して，列の要素 $X_i (i \leq n)$ は原子論理式であるか，あるいは，$\mathrm{Rf}(X_j, X_k, X_i)$ をみたす数 $j < i$ と $k < i$ が存在する．よって，論理式の明確な定義は次のようになる：「式 X を要素にする論理式の構成列が存在するとき，そしてそのときに限って，X は**論理式**である．」

§3. 体系 $\mathscr{P}.\mathscr{E}.$ の構文論の算術化

ここで，x をゲーデル数に持つ式を「E_x」と表記することを思い出してほしい.

すべての数 $x_1, \cdots, x_n$ が集合 K_{11} の要素である任意の式 $E_{x_1}, E_{x_2}, \cdots, E_{x_n}$ に対して，数の列 $(x_1, \cdots, x_n)$ の列数を，列 $(E_{x_1}, E_{x_2}, \cdots, E_{x_n})$ のゲーデル数と呼ぶ．[つまり，式 $\natural E_{x_1} \natural E_{x_2} \natural \cdots \natural E_{x_n} \natural$ のゲーデル数である．]

さて，ここで $\mathrm{P_E}(x)$ (「E_x は $\mathscr{P}.\mathscr{E}.$ の証明可能な論理式」) と $\mathrm{R_E}(x)$ (「E_x は $\mathscr{P}.\mathscr{E}.$ の反証可能な論理式」) にいたる条件（関係と集合）のリストを示し，それぞれの条件が算術的$_\mathrm{E}$ であることを証明しよう．なお，後の章で必要となること

だが，ここに登場するすべての全称量化子は，変数または数項 y に対して，$(\forall x \le y)$ の形式を持つ（このような量化子は，**有界**全称量化子と呼ばれる）ことに注意してほしい．

任意の数 x と y に対して，

$$(E_x \supset E_y), \quad \sim E_x, \quad (E_x + E_y), \quad (E_x \cdot E_y),$$

$$(E_x \mathbf{E} E_y), \quad E_x{}', \quad E_x = E_y, \quad E_x \le E_y$$

のゲーデル数を，順に

$$x \operatorname{imp} y, \quad \operatorname{neg}(x), \quad x \operatorname{pl} y, \quad x \operatorname{tim} y,$$

$$x \exp y, \quad \operatorname{s}(x), \quad x \operatorname{id} y, \quad x \operatorname{le} y$$

とおく．これらの 8 種類の関数は，もちろん算術的$_\mathrm{E}$ である（たとえば，$x \operatorname{imp} y = 2x8y3$ であり，$\operatorname{neg}(x) = 7x$ である）．

以下，条件のリスト（および，それぞれが算術的$_\mathrm{E}$ である証明）を示す．

1. $\operatorname{Sb}(x)$: E_x は添字の列である．

$$(\forall y \le x)(y \mathrm{P} x \supset 5 \mathrm{P} y)$$

2. $\operatorname{Var}(x)$: E_x は変数である．

$$(\exists y \le x)(\operatorname{Sb}(y) \wedge x = 26y3)$$

3. $\operatorname{Num}(x)$: E_x は数項である．

$$\operatorname{Pow}_{13}(x)$$

4. $\mathrm{R}_1(x, y, z)$: $\operatorname{Rt}(E_x, E_y, E_z)$ が成立する．

$$z = x \operatorname{pl} y \vee z = x \operatorname{tim} y \vee z = x \exp y \vee z = \operatorname{s}(x)$$

5. $\operatorname{Seqt}(x)$: E_x は項の構成列である．

$$\operatorname{Seq}(x) \wedge (\forall y \in x)(\operatorname{Var}(y) \vee \operatorname{Num}(y) \vee (\exists z, w \underset{x}{\prec} y)\, \mathrm{R}_1(z, w, y))$$

6. $\operatorname{tm}(x)$: E_x は項である．

$$\exists y (\operatorname{Seqt}(y) \wedge x \in y)$$

7. $\mathrm{f}_0(x)$: E_x は原子論理式である.

$$(\exists y \leq x)(\exists z \leq x)(\mathrm{tm}(y) \wedge \mathrm{tm}(z) \wedge (x = y \,\mathrm{id}\, z \vee x = y \,\mathrm{le}\, z))$$

8. $\mathrm{Gen}(x, y)$: 変数 w に対して, $E_y = \forall w E_x$ が成立する.

$$(\exists z \leq y)(\mathrm{Var}(z) \wedge y = 9zx)$$

9. $\mathrm{R}_2(x, y, z)$: $\mathrm{Rf}(E_x, E_y, E_z)$ が成立する.

$$z = x \,\mathrm{imp}\, y \vee z = \mathrm{neg}(x) \vee \mathrm{Gen}(x, z)$$

10. $\mathrm{Seqf}(x)$: E_x は論理式の構成列である.

$$\mathrm{Seq}(x) \wedge (\forall y \in x)(\mathrm{f}_0(y) \vee (\exists z, w \underset{x}{\prec} y)\, \mathrm{R}_2(z, w, y))$$

11. $\mathrm{fm}(x)$: E_x は論理式である.

$$\exists y(\mathrm{Seqf}(y) \wedge x \in y)$$

12. $\mathrm{A}(x)$: E_x は $\mathscr{P}.\mathscr{E}.$ の公理である.

$$\text{以下の「公理について」を見よ.}$$

13. $\mathrm{M.P.}(x, y, z)$: E_z は E_x と E_y から推論規則 1 に導かれる.

$$y = x \,\mathrm{imp}\, z$$

14. $\mathrm{Der}(x, y, z)$: E_z は, E_x と E_y から推論規則 1 に導かれるか, E_x から推論規則 2 に導かれる.

$$\mathrm{M.P.}(x, y, z) \vee \mathrm{Gen}(x, z)$$

15. $\mathrm{Pf}(x)$: E_x は $\mathscr{P}.\mathscr{E}.$ の証明である.

$$\mathrm{Seq}(x) \wedge (\forall y \in x)(\mathrm{A}(y) \vee (\exists z, w \underset{x}{\prec} y)\, \mathrm{Der}(z, w, y))$$

16. $\mathrm{P_E}(x)$: E_x は $\mathscr{P}.\mathscr{E}.$ で証明可能である.

$$\exists y(\mathrm{Pf}(y) \wedge x \in y)$$

17. $\mathrm{R_E}(x)$: E_x は $\mathscr{P}.\mathscr{E}.$ で反証可能である.

$$P_E(\mathrm{neg}(x))$$

公理について 条件 $A(x)$ が算術的$_E$ であることを示すために，$A(x)$ を（それぞれが公理スキーマに対応する）19 の部分に分けて考える．ここで，$n \le 7$ に対しては，E_x が公理スキーマ L_n の公理である条件を $L_n(x)$ で表し，$n \le 12$ に対しては，E_x が公理スキーマ N_n の公理である条件を $N_n(x)$ で表す．19 個の条件が算術的$_E$ であることの検証は，基本的には一様であるため，ここではいくつかの例について証明しよう．

最初に条件 $L_1(x)$ を考えてみよう．この公理スキーマによれば，E_x は，$E_x = (E_y \supset (E_z \supset E_y))$ をみたす**論理式** E_y と E_z が存在するとき，そしてそのときに限って，L_1 の公理である．よって，$L_1(x)$ は次の条件となる：

$$(\exists y \le x)(\exists z \le x)(\mathrm{fm}(y) \wedge \mathrm{fm}(z) \wedge x = y \,\mathrm{imp}\,(z \,\mathrm{imp}\, y)).$$

条件 $L_2(x)$ と $L_3(x)$ についても同様である．

グループ II では，$L_4(x)$ を例に挙げよう．式：

$$\forall E_y((E_z \supset E_w) \supset (\forall E_y E_z \supset \forall E_y E_w))$$

のゲーデル数を $\varphi(y, z, w)$ とおく．関数 $\varphi(x, y, z)$ が算術的$_E$ であることは明らかである．よって，

$$\mathrm{var}(y), \quad \mathrm{fm}(z), \quad \mathrm{fm}(w), \quad x = \varphi(y, z, w)$$

をみたす数 y, z, w（すべて x 以下）が存在するとき，そしてそのときに限って $L_4(x)$ が成立する．［もし読者がお望みであれば，この条件はすべて記号で表すことができる．］グループ II の残りの公理スキーマについても同様である．［ただし，公理スキーマ L_6 の場合，存在量化子の省略記号を用いている点に注意してほしい．省略記号を用いない表記では，L_6 は $\sim\!\forall v_i \sim\!(v_i = t)$ である．］

グループ III については，明らかである．公理スキーマ N_1 から N_{11} は，それぞれが 1 個の公理を含むだけであり，よって，$i \le 11$ に対して公理 N_i のゲーデル数が g_i であるとき，$N_i(x)$ はそのまま条件 $x = g_i$ を示している．

グループ IV（公理スキーマ N_{12}）は，帰納法のすべての公理を含んでいる．条件 $N_{12}(x)$ が算術的$_E$ であることを示すためには，E_x が論理式であり E_y が $E_x[v_1']$

の形式の論理式であるという関係が x と y の算術的$_E$ 関係となることをまず確かめればよい. これによって, $N_{12}(x)$ が算術的$_E$ であることは明らかとなる.

条件 $L_1(x), \cdots, L_7(x)$ および $N_1(x), \cdots, N_{12}(x)$ がすべて算術的$_E$ であることを示し, これらの 19 個の条件の選言命題を $A(x)$ とおくと, $A(x)$ は算術的$_E$ である.

以上で, $\mathscr{P}.\mathscr{E}.$ の構文論の算術化は終了し, 次の結果が証明された.

命題 3 条件 1—17 は, すべて算術的$_E$ である.

§4. 体系 $\mathscr{P}.\mathscr{E}.$ におけるゲーデルの不完全性定理

体系 $\mathscr{P}.\mathscr{E}.$ の証明可能な論理式のゲーデル数の集合を P_E, 反証可能な論理式のゲーデル数の集合を R_E とおく. これらの 2 つの集合が算術的$_E$ であることはすでに示した. 言語 $\mathscr{L}_E$ において, これらの集合を言及する論理式を, それぞれ $P(v_1)$, $R(v_1)$ とおく. よって, 論理式 $\sim P(v_1)$ は P_E の補集合 $\widetilde{P_E}$ を言及する. 第 II 章の補助定理 1 により, 集合 $\widetilde{P_E}^*$ を言及する論理式 $H(v_1)$ が存在する. このとき, 第 II 章の定理 1 の証明により, その対角式 $H[\overline{h}]$ は集合 $\widetilde{P_E}$ のゲーデル文である. したがって, $H[\overline{h}]$ は $\mathscr{P}.\mathscr{E}.$ で証明可能でないとき, そしてそのときに限って真である. 体系 $\mathscr{P}.\mathscr{E}.$ が正確である以上, 式 $H[\overline{h}]$ は真であるにもかかわらず $\mathscr{P}.\mathscr{E}.$ で証明可能でない. また, 式 $\sim H[\overline{h}]$ は偽である以上, これも $\mathscr{P}.\mathscr{E}.$ で証明可能でない.

この証明の代わりに, 第 I 章の双対定理と同じ議論を用いることもできる. 集合 R_E が算術的$_E$ であることから, 集合 R_E^* も算術的$_E$ であり, よって, 集合 R_E^* を言及する論理式 $K(v_1)$ が存在する. このとき, $K(v_1)$ の対角式 $K[\overline{k}]$ は R_E のゲーデル文である. したがって, $K[\overline{k}]$ は $\mathscr{P}.\mathscr{E}.$ で**反証可能**であるとき, そしてそのときに限って真である. つまり, $K[\overline{k}]$ は偽であるにもかかわらず $\mathscr{P}.\mathscr{E}.$ で反証可能ではない. よって, その否定 $\sim K[\overline{k}]$ は真であるにもかかわらず $\mathscr{P}.\mathscr{E}.$ で証明可能でない. ゆえに, ($H[\overline{h}]$ と同様に) $K[\overline{k}]$ は, $\mathscr{P}.\mathscr{E}.$ で証明可能でも反証可能でもない.

以上により, 次の定理が証明された.

44 　第 III 章　べき乗に基づくペアノ算術における不完全性

定理 1　公理体系 $\mathscr{P}.\mathscr{E}.$ は不完全である.

[解説]　定理 1 の証明は,知られている中で最も単純な不完全性定理の証明である.この単純化は,タルスキーの真理集合を用いたこと(第 V 章と第 VI 章では,真理集合を用いない 2 つの不完全性定理を証明する),べき乗に基づく体系を用いたこと(第 VI 章では,べき乗に基づかない体系を考慮する),そして,モンタギューとカリッシュの 1 階述語論理(等号を含む)の公理体系を用いたことに起因している.より標準的な算術の公理体系における不完全性定理を証明するためには,論理式において変数の自由出現に項を代入する操作を算術化しなければならない.以下の問題は,より標準的な算術の形式化における不完全性定理を導くために,重要なステップを与えるものである.

問題 1　関係「E_x は変数であり,E_y は論理式であり,E_x は E_y において少なくとも 1 度自由に出現する」を $\mathrm{Fr}(x, y)$ とおく.このとき,$\mathrm{Fr}(x, y)$ が算術的$_\mathrm{E}$ であることを証明せよ.[任意の変数 w と式 X に対して,w が X で自由に出現するのは,X を要素に持つ次のような式の有限列が存在するとき,そしてそのときに限る:列の任意の要素 Y に対して,Y は原子論理式かつ w は Y に含まれるか,Y が列の前の要素の否定であるか,論理式 F(必ずしも列の要素とは限らない)と列の前の要素 Y_1 に対して $Y = Y_1 \supset F$ または $Y = F \supset Y_1$ が成立するか,あるいは,Y は w 以外の変数に対する列の前の要素の全称量化である.]

問題 2　問題 1 の帰結を用いて,次の条件を証明せよ.
  1. 文のゲーデル数の集合は算術的$_\mathrm{E}$ である.
  2. 体系 $\mathscr{P}.\mathscr{E}.$ の証明可能な文のゲーデル数の集合は算術的$_\mathrm{E}$ である.[この証明の方が,証明可能な論理式のゲーデル数の集合についての証明よりも標準的である.しかし,この章では,最初の不完全性定理の証明をできるだけ単純化するために,論理式に対する証明を行なった.]

問題 3　集合 K_{11} の数の順序対の有限列:

$$(a_1, b_1), (a_2, b_2), \cdots, (a_n, b_n)$$

II. 公理体系の算術化　　　　　　　　　　　　45

に対して，列数：

$$\delta\delta a_1 \delta b_1 \delta\delta \cdots \delta\delta a_n \delta b_n \delta\delta$$

を割り当てる．このとき，x が集合 K_{11} の数の順序対の有限列の列数である条件を「$\mathrm{Seq}_2(x)$」と表記する．同様に，z が K_{11} の数の順序対の有限列の列数であり，(x, y) がその有限列の要素である条件を「$(x, y) \in z$」と表記する．同様に，(x_1, y_1) が (x_2, y_2) の前に出現する列の列数が z である条件を「$(x_1, y_1) \overset{z}{\prec} (x_2, y_2)$」と表記する．これらの条件が，すべて算術的$_E$ であることを証明せよ．［この結果は，問題 4 で必要になる．］

問題 4　任意の項あるいは論理式 E，変数 w，項 t に対して，E における w のすべての自由出現に t を代入した結果を E_t^w（$E_w(t)$ と表されることもある）とおく．このとき，次の条件が成立することに注意してほしい．

1. E が数項または w と異なる変数であれば，$E_t^w = E$ であり，$E = w$ であれば，$E_t^w = t$（つまり，$w_t^w = t$）である．

2. E が項 $r+s$，$r \cdot s$，$r \mathbf{E} s$，r' のとき，E_t^w は順に $r_t^w + s_t^w$，$r_t^w \cdot s_t^w$，$r_t^w \mathbf{E} s_t^w$，$r_t^{w\prime}$ である．

3. E が原子論理式 $r = s$ または $r \le s$ のとき，E_t^w は順に $r_t^w = s_t^w$ または $r_t^w \le s_t^w$ である．

4. E が論理式 $\sim F$ または $F \supset G$ のとき，E_t^w は順に $\sim F_t^w$ または $F_t^w \supset G_t^w$ である．

5. E が論理式 $\forall v F$ であり，v が w と異なる変数であれば，$E_t^w = \forall v F_t^w$ であり，E が $\forall w F$ であれば，$E_t^w = E$ である．

　　さて，関係「任意の項または論理式 E，変数 w，項 t に対して，$F = E_t^w$」を「$\mathrm{Sub}(E, w, t, F)$」と表記し，関係 $\mathrm{Sub}(E_{x_1}, E_{x_2}, E_{x_3}, E_{x_4})$ を「$\mathrm{sub}(x_1, x_2, x_3, x_4)$」と表記する．

(a)　上記の条件 1—5 により，$\mathrm{Sub}(E_1, w, t, E_2)$ は，次のような式の順序対の有限列が存在するとき，そしてそのときに限って成立する：(E_1, E_2) は列の要素であり，列の任意の要素 (X_1, X_2) に対して，［A］であるか，あるいは，［B］をみたす列の前の要素 (Y_1, Y_2) および (Z_1, Z_2) が存在する．

　　このとき，［A］と［B］に最も適切な条件を記入してほしい．

(b) 上記（a）と問題3の帰結により，$\mathrm{sub}(x_1, x_2, x_3, x_4)$ が算術的$_\mathrm{E}$ である
　　ことを証明せよ.

問題5 任意の変数 w と w_1，論理式 F に対して，$\forall w_1 G$ が F の部分であり，w
　　が G で少なくとも1度自由に出現する論理式 G が存在するとき，w は F に
　　おいて w_1 に**束縛される**という. また，任意の項 t に出現する任意の変数 w_1
　　に対して，w が論理式 F において w_1 に束縛されないとき，項 t は論理式 F
　　の変数 w に**代入可能**と呼ばれる. さて，関係「E_x は E_z において E_y に代入
　　可能である」を「$M(x, y, z)$」と表記する. このとき，$M(x, y, z)$ が算術的$_\mathrm{E}$
　　であることを証明せよ.

問題6 公理体系 $\mathscr{P.E.}$ のグループ II の公理スキーマを，次のグループ II$'$ の公
　　理スキーマで置き換え，その結果を公理体系 $\mathscr{P.E.}'$ と呼ぶ.
　　$\mathrm{L}_4' : \mathrm{L}_4$ と同じ.
　　$\mathrm{L}_5' : \forall w F \supset F_t^w$（ただし，項 t は論理式 F の変数 w に代入可能）
　　$\mathrm{L}_6' :$ (a)　$v_1 = v_1$
　　　　　　　(b)　$v_1 = v_2 \supset (v_3 = v_4 \supset (v_1 + v_3 = v_2 + v_4))$
　　　　　　　(c)　$v_1 = v_2 \supset (v_3 = v_4 \supset (v_1 \cdot v_3 = v_2 \cdot v_4))$
　　　　　　　(d)　$v_1 = v_2 \supset (v_3 = v_4 \supset (v_1 \mathbf{E} v_3 = v_2 \mathbf{E} v_4))$
　　　　　　　(e)　$v_1 = v_2 \supset v_1' = v_2'$
　　　　　　　(f)　$v_1 = v_2 \supset (v_3 = v_4 \supset (v_1 = v_3 \supset v_2 = v_4))$
　　　　　　　(g)　$v_1 = v_2 \supset (v_3 = v_4 \supset (v_1 \leq v_3 \supset v_2 \leq v_4))$
　　公理スキーマ L_5' は，（任意の変数 w と論理式 F に対して）無限に多くの
　　公理を持つことに注意してほしい.
　　　体系 $\mathscr{P.E.}'$ で証明可能な論理式の集合は，体系 $\mathscr{P.E.}$ で証明可能な論理式
　　の集合に等しい（Montague-Kalish［1964］により，グループ I・II の1階述
　　語論理の公理化は，グループ I・II$'$ の公理化と同値であることから導かれる）.
　　しかし，体系 $\mathscr{P.E.}$ の証明は，$\mathscr{P.E.}'$ の証明と等しくはない. ここで，条件
　　「x は $\mathscr{P.E.}'$ の証明のゲーデル数である」を「$\mathrm{Pf}'(x)$」と表記する.
　　　問題4と問題5の帰結を用いて，公理 L_5' のゲーデル数の集合が算術的$_\mathrm{E}$ で
　　あることを証明せよ. このことから条件 $\mathrm{Pf}'(x)$ が算術的$_\mathrm{E}$ であることを証明
　　し，したがって，体系 $\mathscr{P.E.}'$ が不完全であることを証明せよ.

第 IV 章

べき乗に基づかない算術

I. 公理体系 $\mathscr{P}.\mathscr{A}.$ における不完全性定理

§1. 基 礎 概 念

　べき乗記号 E の出現しない項と論理式は，**算術的項**と**算術的論理式**と呼ばれる．算術的論理式に言及される関係（または集合）は，**算術的関係**（または算術的集合）と呼ばれる．公理体系 $\mathscr{P}.\mathscr{E}.$ の公理スキーマ N_{10} と N_{11} を消去し，残りの公理スキーマの**項**と**論理式**が算術的項と算術的論理式であるような公理体系は，ペアノ算術または「$\mathscr{P}.\mathscr{A}.$」と呼ばれる．体系 $\mathscr{P}.\mathscr{A}.$ は，現代の数理論理学の標準的な研究対象である（体系 $\mathscr{P}.\mathscr{E}.$ は，文献上でも稀にしか考察されない）．本書が最初に体系 $\mathscr{P}.\mathscr{E}.$ の不完全性定理を証明したのは，それがより単純であるからにすぎない．この章では，体系 $\mathscr{P}.\mathscr{A}.$ の不完全性定理を証明し，次の章以降で必要になる他の事項を確立する．

　体系 $\mathscr{P}.\mathscr{A}.$ の不完全性は，関係 $x^y = z$ が算術的$_E$ であるばかりでなく，算術的（加法と乗法のみから定義可能）であることを証明すれば，体系 $\mathscr{P}.\mathscr{E}.$ の不完全性から即座に導くことができる．だが，まず最初に，それ以外のある関係が算術的であることを証明する．次に，この章の不完全性定理の証明に用いるわけではないが，続く章で必要になる関係について，より強い結果を証明する．いずれにしても，鍵となる関係（すぐに定義する Σ_1 関係）が，算術的であるばかりでなく，関

48 　　　　　　　　第 IV 章　べき乗に基づかない算術

係のより狭義のクラスに属することを証明する必要がある．実は，このような関係
は，**帰納的枚挙可能**として知られる関係と同じものである．この Σ_1 関係を定義す
る前に，関係のより狭義のクラスである Σ_0 関係を定義しよう．Σ_0 関係は，帰納
的関数理論を構成する上で，非常に重要な役割を果たすものである．

§2. Σ 関 係

　まず Σ_0 論理式および Σ_0 関係のクラスを定義し，次に Σ_1 論理式と Σ_1 関係のク
ラスを定義する．

　任意の変数または数項 c_1, c_2, c_3 に対して，

$$c_1 + c_2 = c_3, \quad c_1 \cdot c_2 = c_3, \quad c_1 = c_2, \quad c_1 \leq c_2$$

の4種類の形式のどれかであるような論理式は，**原子 Σ_0 論理式**と呼ばれる．

　Σ_0 論理式のクラスは，次のように帰納的に定義される．

(1) すべての原子 Σ_0 論理式は，Σ_0 論理式である．

(2) もし F と G が Σ_0 論理式であれば，$\sim F$ と $F \supset G$ は（よって，$F \wedge G$, $F \vee G$, $F \equiv G$ も）Σ_0 論理式である．

(3) 任意の Σ_0 論理式 F, 変数 v_i, 変数 v_i と**異なる**すべての変数または数項 c に
対して，$\forall v_i(v_i \leq c \supset F)$ は Σ_0 論理式である．

　ここで，式 $\forall v_i(v_i \leq c \supset F)$ は $(\forall v_i \leq c)F$ と省略できることを思い起こしてほ
しい．よって，F が Σ_0 論理式であれば，$(\forall v_i \leq c)F$ も Σ_0 論理式（c は v_i と異な
る変数または数項）である．

　また，式 $\sim(\forall v_i \leq c)\sim F$ は $(\exists v_i \leq c)F$ と省略できる．さて，F が Σ_0 論理式で
あれば，（規則 (2) より）$\sim F$ も Σ_0 論理式である．したがって，（$c \neq v_i$ とする
と，規則 (3) より）式 $(\forall v_i \leq c)\sim F$ も Σ_0 論理式であり，$\sim(\forall v_i \leq c)\sim F$, つま
り $(\exists v_i \leq c)F$ も Σ_0 論理式である．［式 $(\exists v_i \leq c)F$ は，$\exists v_i(v_i \leq c \wedge F)$ と同値で
ある．］

　量化子 $(\forall v_i \leq c)$ と $(\exists v_i \leq c)$ は，**有界量化子**とも呼ばれる．つまり，Σ_0 論理式
において，すべての量化子は有界である．

　関係は，Σ_0 論理式に言及されるとき，そしてそのときに限って，Σ_0 関係と呼ば
れる．Σ_0 関係は，**構成的算術**関係とも呼ばれる．

I. 公理体系 $\mathscr{P}.\mathscr{A}.$ における不完全性定理　　　　49

［解説］　非形式的に，任意の Σ_0 文（変数の自由出現しない Σ_0 論理式）について，その真理値を有効に決定できることに注目しよう．このことは，原子 Σ_0 論理式については明らかである（つまり，加法と乗法をご存知の読者にとっては，明らかであろう）．また，任意の文 X と Y に対して，X と Y の真理値が決定可能であれば，$\sim X$ と $X \supset Y$ の真理値も明らかに決定可能である．それでは，量化子を考えてみよう．すべての一定の数 n に対して，文 $F(\overline{n})$ の真理値が決定可能であるような論理式 $F(v_i)$ を仮定する．このとき，文 $\exists v_i F(v_i)$ の真理値は決定可能だろうか？　必ずしもそうではない．この文が真であれば，文 $F(\overline{0})$, $F(\overline{1})$, $F(\overline{2})$, $\cdots$ を順番に確認することによって，遅かれ早かれその真理値を決定できるが，この文が偽であれば，この手続きは終わらない．では，任意の数項 $\overline{k}$ に対する文 $(\exists v_i \leq \overline{k})F(v_i)$ を考えてみよう．特に $(\exists v_i \leq \overline{5})F(v_i)$ について，その真理値は決定可能だろうか？　もちろん可能である．確認の必要な文は，$F(\overline{0})$, $F(\overline{1})$, $F(\overline{2})$, $F(\overline{3})$, $F(\overline{4})$, $F(\overline{5})$ にすぎない．このことは，全称量化子についても同様である．文 $\forall v_i F(v_i)$ を有効に決定する手続きは存在しない（偽であれば遅かれ早かれ確認できるが，真であればこの手続きは終わらないから）．しかし，任意の数 k に対して，文 $(\forall v_i \leq \overline{k})F(v_i)$ の真理値を有効に決定する手続きは（それぞれの数 n に対して $F(\overline{n})$ を有効に決定する手続きを仮定した上で）存在する．したがって，任意の Σ_0 文に対して，その真理値を有効に決定する手続きが存在する．

Σ_1 関係　任意の Σ_0 論理式 $F(v_1, \cdots, v_n, v_{n+1})$ に対して，

$$\exists v_{n+1} F(v_1, \cdots, v_n, v_{n+1})$$

の形式の論理式は，Σ_1 論理式と呼ばれる．関係は，Σ_1 論理式に言及されるとき，そしてそのときに限って，Σ_1 関係と呼ばれる．よって，すべての数 $x_1, \cdots, x_n$ に対して，

$$R(x_1, \cdots, x_n) \Leftrightarrow \exists y S(x_1, \cdots, x_n, y)$$

をみたす Σ_0 関係 $S(x_1, \cdots, x_n, y)$ が存在するとき，そしてそのときに限って，$R(x_1, \cdots, x_n)$ は Σ_1 関係である．Σ_1 論理式は，1 個の有界でない存在量化子によって始まる．それ以外のすべての量化子は，有界である．

Σ 論理式　Σ 論理式のクラスは，次のように帰納的に定義される．

(1) すべての Σ_0 論理式は，Σ 論理式である．

(2) F が Σ 論理式であれば，任意の変数 v_i に対して，式 $\exists v_i F$ も Σ 論理式である．

(3) F が Σ 論理式であれば，任意の異なる変数 v_i と v_j に対する $(\exists v_i \leq v_j)F$ と $(\forall v_i \leq v_j)F$ は Σ 論理式であり，任意の数項 $\overline{n}$ に対する $(\exists v_i \leq \overline{n})F$ と $(\forall v_i \leq \overline{n})F$ は Σ 論理式である．

(4) F と G が Σ 論理式であれば，$F \vee G$ と $F \wedge G$ は Σ 論理式である．F が Σ_0 論理式および G が Σ 論理式であれば，$F \supset G$ は Σ 論理式である．

Σ 論理式は，任意の数の有界でない存在量化子を含んでよいが，すべての全称量化子は有界でなければならない．Σ 論理式に言及される関係は，Σ 関係と呼ばれる．この章の第 II 部では，Σ 関係が Σ_1 関係と同値であることを証明する（どちらも**帰納的枚挙可能**として知られる）．

それでは，べき乗の関係 $x^y = z$ が算術的であるばかりでなく，Σ_1 関係でもあることを証明しよう．この証明は，最終的に，Σ_0 関係の有益な性質を確立するものでもある．

まず，任意の数 x と y に対して，

$$x < y \Leftrightarrow x \leq y \wedge x \neq y.$$

よって，$x < y$ は Σ_0 関係である．次に，任意の Σ_0 関係 $R(x, y, z_1, \cdots, z_n)$ に対して，

$$(\forall x < y)R(x, y, z_1, \cdots, z_n)$$
$$\Leftrightarrow (\forall x \leq y)(x \neq y \supset R(x, y, z_1, \cdots, z_n)).$$

よって，$(\forall x < y)R(x, y, z_1, \cdots, z_n)$ は Σ_0 関係である．

§3. 素数を底とする連結

任意の数 $b \geq 2$ に対して，b を底とする連結が算術的$_\mathrm{E}$ であることは，すでに示した．ちょうど $\mathrm{Pow}_b(x)$（x は b のべき乗）を定義した時点で，べき乗関数が関係 $x *_b y = z$ の定義に持ち込まれた．ここで，マイヒルによる巧妙な方法を紹介しよう．［Myhill［1955］参照．］任意の**素数 p** に対して，べき乗に頼ることなく，$\mathrm{Pow}_p(x)$ を次のように定義することができる：x の 1 を除くすべての約数が p で

割り切れるとき，そしてそのときに限って，x は p のべき乗である！　この方法を用いて，任意の**素数 p** に対して，関係 $x *_p y = z$ が算術的であり，しかも Σ_0 関係であることを簡単に導くことができるのである．

補助定理 1　任意の素数 p に対して，次の条件はすべて Σ_0 関係である．
(1)　$x \operatorname{div} y$
(2)　$\operatorname{Pow}_p(x)$
(3)　$y = p^{\ell_p(x)}$

［証明］
(1)　$x \operatorname{div} y \Leftrightarrow (\exists z \le y)(x \cdot z = y)$.
(2)　$\operatorname{Pow}_p(x) \Leftrightarrow (\forall z \le x)((z \operatorname{div} x \land z \ne 1) \supset p \operatorname{div} z)$.
(3)　$y = p^{\ell_p(x)} \Leftrightarrow (\operatorname{Pow}_p(y) \land y > x \land y > 1) \land$
$$(\forall z < y) \sim (\operatorname{Pow}_p(z) \land z > x \land z > 1).$$

命題 A　任意の素数 p に対して，関係 $x *_p y = z$ は Σ_0 関係である．

［証明］
$$x *_p y = z \Leftrightarrow x \cdot p^{\ell_p(y)} + y = z$$
$$\Leftrightarrow (\exists w_1 \le z)(\exists w_2 \le z)$$
$$(w_1 = p^{\ell_p(y)} \land w_2 = x \cdot w_1 \land w_2 + y = z).$$
そして，補助定理 1 により，条件 $w_1 = p^{\ell_p(y)}$ は Σ_0 関係である．

命題 B　任意の素数 p に対して，次の条件はすべて Σ_0 関係である．
(1)　$x\mathrm{B}_p y$, $x\mathrm{E}_p y$, $x\mathrm{P}_p y$.
(2)　$n \ge 2$ に対する関係 $x_1 *_p \cdots *_p x_n = y$.
(3)　$n \ge 2$ に対する関係 $x_1 *_p \cdots *_p x_n \mathrm{P}_p y$.

［証明］
(1)　第 III 章の定義により，次の同値関係は明らかである．
$$x\mathrm{B}_p y \Leftrightarrow x = y \lor (x \ne 0 \land$$

$$(\exists z \leq y)(\exists w \leq y)(\mathrm{Pow}_p(w) \wedge (x \cdot w) *_p z = y)) \ x\mathrm{E}_p y \Leftrightarrow$$
$$x = y \vee (\exists z \leq y)(z *_p x = y) \ x\mathrm{P}_p y \Leftrightarrow (\exists z \leq y)(z\mathrm{E}_p y \wedge x\mathrm{B}_p z)$$

よって，これらの条件は Σ_0 関係である．

(2) $n \geq 2$ に関する帰納法による．$n = 2$ の場合，関係 $x_1 *_p x_2 = y$ が Σ_0 関係であることは，すでに証明した．$n \geq 2$ の場合，関係 $x_1 *_p \cdots *_p x_n = y$ が Σ_0 関係であると仮定する．このとき，

$$x_1 *_p \cdots *_p x_n *_p x_{n+1} = y$$
$$\Leftrightarrow (\exists z \leq y)(x_1 *_p \cdots *_p x_n = z \wedge z *_p x_{n+1} = y).$$

よって，$x_1 *_p \cdots *_p x_n *_p x_{n+1} = y$ は Σ_0 関係である．

(3) 同様に，次の同値関係より明らかである．

$$x_1 *_p \cdots *_p x_n \mathrm{P}_p y$$
$$\Leftrightarrow (\exists z \leq y)(x_1 *_p \cdots *_p x_n = z \wedge z\mathrm{P}_p y).$$

　数 13 が素数であることから，命題 A と B のすべての条件は $p = 13$ に対して成立する．このことから，第 III 章の集合 P_E と R_E が，算術的$_\mathrm{E}$ であるばかりでなく算術的であることを，次のようにして導くことができる．命題 A と B の関係（または集合）が（$p = 13$ に対して）Σ_0 関係であることから，もちろんこれらは算術的である．そこで，第 III 章の命題 1, 2, 3 のすべての条件（関係または集合）も，算術的となる．第 III 章でこれらの条件が算術的$_\mathrm{E}$ であることを証明する際には，$x *_{13} y = z$ と $\mathrm{Pow}_{13}(x)$ が算術的$_\mathrm{E}$ であることを示した後，べき乗を用いなかったが，$x *_{13} y = z$ と $\mathrm{Pow}_{13}(x)$ が算術的であることを現時点で証明したことから，第 III 章の命題 1, 2, 3 のすべての条件は，算術的である．

　実際に，第 III 章の命題 1, 2, 3 のすべての条件は，算術的であるばかりでなく，Σ 関係である．これも上記と同様，有界でない全称量化子を証明に用いていないことから明らかである．特に，集合 P_E と R_E が Σ 関係であるという事実は，後の章で重要となる．しかし，この章で重要なのは，これらが算術的だという点である．

　さて，集合 P_E が算術的であることから，$\widetilde{P_\mathrm{E}}$ も算術的である．しかし，ここから $\widetilde{P_\mathrm{E}}^*$ が算術的であると導くことは，それほど簡単な作業ではない．だが，$\widetilde{P_\mathrm{E}}$ のゲーデル文を得るためには，**この集合**が必要不可欠なのである！　集合 A の算術

性から A^* の算術性を導く過程には，（対角式を得るための）関係 $13^x = y$ が含まれる．そのため，関係 $13^x = y$ が算術的であることを証明しなければならないのである．［この関係は，13 のべき乗の集合が算術的であるという事実からは**導かれない**．］

関係 $13^x = y$ が算術的であることを証明する上で，（13 が素数であっても）より一般的な関係 $x^y = z$ が算術的であるという事実の証明以上に単純な方法は知られていない．［もしもっと簡単な方法があれば，ぜひ知りたいものだ！！］よって，一般的なべき乗の関係が算術的であることを示すことにする．具体的な目標は，次の定理である．

定理 E　関係 $x^y = z$ は Σ_1 関係である．

§4. 有限集合の補助定理

次の補助定理を証明すれば，定理 E は即座に導くことができる．

補助定理 K　次の 2 つの性質を持つ構成的算術関係 $K(x, y, z)$ が存在する．
- (1) 自然数の順序対の任意の有限列 (a_1, b_1), (a_2, b_2), $\cdots$, (a_n, b_n) に対して，次のような数 z が存在する：任意の数 x, y に対して，(x, y) が (a_1, b_1), $\cdots$, (a_n, b_n) の 1 つであるとき，そしてそのときに限って，関係 $K(x, y, z)$ が成立する．
- (2) 任意の数 x, y, z に対して，関係 $K(x, y, z)$ が成立すれば，$x \leq z$ かつ $y \leq z$ である．

補助定理 K を証明するためには，命題 A と B を用いる．これらの命題は，任意の素数 p に対して成立することから，特定の素数 13 に対しても成立する．［実際には，$p = 2$ のように，**任意の素数**でかまわないが，ここではそのまま素数 13 を底に用いることにしよう．］不必要な混乱を避けるために，今後は特に注意しない限り，自然数は 13 進法による表現とする．よって，たとえば「数 x は数 y の部分である」は，「数 x の 13 進法による表現は数 y の 13 進法による表現の部分である」という意味である．

さて，ここでクワインのすばらしい発想を用いる．［Quine［1946］参照．］数字

1 のみの列 t に対して，$2t2$ の形式の数は**フレーム**と呼ばれる．（もちろん 13 進法表記で）x が 1 のみの列であるという条件を $1(x)$ とすると，

$$1(x) \Leftrightarrow x \neq 0 \wedge (\forall y \leq x)(y\mathrm{P}x \supset 1\mathrm{P}y).$$

よって，$1(x)$ は Σ_0 関係である．

　数の順序対の任意の有限列 $((a_1, b_1), \cdots, (a_n, b_n))$ を θ とし，どの数 a_1, b_1, $\cdots$, a_n，　b_n の部分でもないフレームを f とする．このような f に対して，$ffa_1fb_1ff \cdots ffa_nfb_nff$ は，θ の**列数**と呼ばれる．[列 θ に割り当てる列数が**一意になる必要はない**．もちろん，もしその必要があれば，**最小の列数**を与えることもできるが，これは不必要にテクニカルな混乱を招くだけだろう．この章で用いている列数は，前の章の「列数」とまったく異なる意味を持つことに注意してほしい！　仮に，すべての a_1, b_1, $\cdots$, a_n, b_n が集合 K_{11} の要素であるような θ に対してのみ列数を割り当てるのであれば，明らかに $\delta\delta a_1\delta b_1\delta\delta a_2\delta b_2\delta\delta\cdots\delta\delta a_n\delta b_n\delta\delta$ を割り当てればよい．しかし，この章の目的のためには，**任意の自然数の順序対の列**を考慮しなければならない．その上で，前の章では δ が果たした形式的役割をフレーム f が果たすことになる．]

　フレーム x に対して，x が y の部分であり，y の部分である任意のフレームの中で最大であるとき，x は y の**最大フレーム**と呼ばれる．x が y の最大フレームであることを，関係「$x\,\mathrm{mf}\,y$」と表記する．この関係は，

$$x\,\mathrm{mf}\,y \Leftrightarrow x\mathrm{P}y \wedge$$
$$(\exists z \leq y)(1(z) \wedge x = 2z2 \wedge {\sim}(\exists w \leq y)(1(w) \wedge 2zw2\mathrm{P}y))$$

により，Σ_0 関係である．

　ここで，きわめて重要な Σ_0 関係 $K(x, y, z)$ を定義することができる．

$$K(x, y, z) \underset{\mathrm{df}}{=} (\exists w \leq z)(w\,\mathrm{mf}\,z \wedge wwxwywww\mathrm{P}z \wedge w\widetilde{\mathrm{P}}x \wedge w\widetilde{\mathrm{P}}y).$$

　数の順序対の任意の列数 θ に対して，z を θ の任意の列数とおく．このとき，$K(x, y, z)$ が成立するのは，順序対 (x, y) が列数 θ の要素であるとき，そしてそのときに限ることに注意してほしい．任意の数 x, y, z に対して，関係 $K(x, y, z)$ が成立すれば，$x \leq z$ かつ $y \leq z$（実際には，$x < z$ かつ $y < z$）であることは，$K(x, y, z)$ の定義から明らかである．以上より，補助定理 K は証明された．

[解説]　クワインの最大フレームを用いずに補助定理Kを証明する方法がある. この方法は, クリプキの巧妙な創意に基づくものである. 任意の素数pに対する関係$x *_p y = z$がΣ_0関係であるばかりでなく, (p, x, y, z)についての4項関係「pは素数であると同時に$x *_p y = z$」がΣ_0関係であることも明らかであろう. さて, 任意の順序対の列数θに対して, 数$p-1$が$a_1, b_1, \cdots, a_n, b_n$のどの数よりも大きいような素数$p$を考えてみよう. ここで, $s = p - 1$とおく. このp進法表記を用いると, 数$s, a_1, b_1, \cdots, a_n, b_n$はすべて1桁の数字で表記することができるのである！　よって, 数$ssa_1sb_1ss \cdots ssa_nsb_nss$を$q$とおくと, qはθの列数として完璧に機能する. ［この方法の詳細については, Boolos-Jeffrey ［1980］の第14章を参照.］

§5. 定理Eの証明

補助定理Kを導いたことから, 定理Eはすぐに導くことができる.

式$x^y = z$が成立するのは, 次の条件をみたす順序対の集合Sが存在するとき, そしてそのときに限る.

(1)　$(y, z) \in S$.

(2)　集合Sのすべての順序対(a, b)に対して, $(a, b) = (0, 1)$であるか, あるいは$(a, b) = (c + 1, d \cdot x)$をみたす順序対$(c, d)$が$S$に存在する.

この事実は次のようにしてわかる. 式$x^y = z$が成立するならば, Sを集合$\{(0, 1), (1, x), (2, x^2), \cdots, (y, x^y)\}$とおけばよい. 逆に, 条件(1)と(2)をみたす順序対の任意の集合をSとおく. 条件(2)より, Sの任意の順序対(a, b)に対して, $x^a = b$(aに関する帰納法により)でなければならず, 条件(1)により, $x^y = z$である.

以上から, $x^y = z$であるとき, そしてそのときに限って, 次の関係$K(a, b, w)$をみたすwが存在する：任意の数$a \leq w$と$b \leq w$に対して, $K(a, b, w)$が成立すれば, $a = 0$かつ$b = 1$であるか, $K(c, d, w), a = c + 1$かつ$b = d \cdot x$をみたす数$c \leq a$と$d \leq b$が存在する. したがって,

$$x^y = z \Leftrightarrow \exists w(K(y, z, w) \wedge (\forall a \leq w)(\forall b \leq w)$$

$$(K(a, b, w) \supset ((a = 0 \wedge b = 1) \vee$$

$$(\exists c \leq a)(\exists d \leq b)(K(c, d, w) \wedge a = c + 1 \wedge b = d \cdot x)))).$$

この証明は，**ベータ関数**として知られる発想を含んでいる．この関数を次に説明しよう．

ベータ関数　数のすべての有限列 $(a_0, a_1, \cdots, a_n)$ に対して，$\beta(w, 0) = a_0$，$\beta(w, 1) = a_1$，$\cdots$，$\beta(w, n) = a_n$ をみたす数 w が存在するとき，関数 $\beta(x, y)$ はベータ関数と呼ばれる．

関係 $f(x_1, \cdots, x_n) = y$ が Σ_0 関係であるとき，$f(x_1, \cdots, x_n)$ は Σ_0 関数（または構成的算術関数）と呼ばれる．

補助定理 K により，次の定理が導かれる．

定理 B　［ベータ関数定理］　構成的算術ベータ関数が存在する．

［証明］　補助定理 K の Σ_0 関係 $K(x, y, z)$ を用いて，$\beta(w, i)$ を次のように定義する．関係 $K(i, k, w)$ をみたす数 k が存在するならば，$\beta(w, i)$ を最小の k とおき，それ以外の場合は $\beta(w, i) = 0$ とおく．このとき，

$$\beta(w, x) = y \Leftrightarrow (K(x, y, w) \land (\forall z < y) \sim K(x, z, w)) \lor$$
$$(\sim (\exists z \leq w) K(x, z, w) \land y = 0).$$

よって，$\beta(w, x) = y$ は，Σ_0 関係である．

さて，任意の有限列 $(a_0, a_1, \cdots, a_n)$ に対して，列 $((0, a_0), (1, a_1), \cdots, (n, a_n))$ の列数を w とおく．そこで，数 $i \leq n$ に対して関係 $K(i, a_i, w)$ が成立し，a_i は $K(i, m, w)$ をみたす数 m にほかならないことから，$\beta(w, i) = a_i$ となる．

［解説］

(1)　最初のベータ関数は Gödel［1931］によって構成された．ゲーデルの定義は，**中国剰余定理**として知られる算術の帰結を必要とするものだった．Smullyan［1961］では，この中国剰余定理を用いずに，より単純化したベータ関数（この章で述べたものとほぼ同じ）を紹介した．ゲーデルのベータ関数は，Σ_0 関数を含む**原始帰納的関数**として知られる関数のクラスに属するものだが，私の構成したベータ関数は，**厳密基礎関数**と呼ばれる，より小さいクラスに属している．［この関数は，有限オートマトン理論と密接な関係がある．

Smullyan［1961］の第 4 章を参照.]

(2) ベータ関数を用いて，定理 E を次のように証明することもできる.

式 $x^y = z$ が成立するのは，明らかに，$a_0 = 1$, $a_y = z$ かつ $a_{i+1} = a_i \cdot x$ $(i < y)$ をみたす有限列 $(a_0, a_1, \cdots, a_n)$（つまり，$(1, x, x^2, \cdots, x^y)$）が存在するとき，そしてそのときに限る．したがって，

$$x^y = z \Leftrightarrow \exists w(\beta(w, 0) = 1 \wedge \beta(w, y) = z \wedge$$
$$(\forall n < y)(\beta(w, n+1) = \beta(w, n) \cdot x)).$$

［参考］ 条件 $\beta(w, n+1) = \beta(w, n) \cdot x$ は Σ_0 関係であり，次のように表すことができる.

$$(\exists m_1 \leq w)(\exists m_2 \leq w)(\exists m_3 \leq w)$$
$$(m_1 = n + 1 \wedge \beta(w, m_1) = m_2 \wedge \beta(w, n) = m_3 \wedge m_2 = m_3 \cdot x).$$

定理 E から，次の重要な系を導くことができる.

系 1 任意の算術的集合 A に対して，集合 A^* は算術的である．集合 A が Σ 関係であれば，A^* も Σ 関係である.

［証明］ 関係 $x^y = z$ は，Σ_1 関係であることから，明らかに Σ 関係である．よって，（x と y の）関係 $13^x = y$ は，Σ 関係（実際には，Σ_1 関係）である．したがって，対角関数 $d(x)$ も Σ 関係である（式「$\forall v_1(v_1 =$」のゲーデル数を k とおくと，$d(x) = y$ は，$\exists z(z = 13^x \wedge k8x3 = y)$ と同値であることを思い起こしてほしい）．よって，$d(x) = y$ を言及する Σ 論理式 $D(v_1, v_2)$ が存在する．そこで，集合 A を言及する任意の論理式 $A(v_1)$ に対して，論理式 $\exists v_2(D(v_1, v_2) \wedge A(v_2))$ は，集合 A^* を言及する．したがって，A が算術的であれば，A^* も算術的である．このとき，$A(v_1)$ が Σ 論理式であれば，$\exists v_2(D(v_1, v_2) \wedge A(v_2))$ も Σ 論理式である.

系 2 ［言語 $\mathscr{L}_A$ におけるタルスキーの定理］ 真である算術的文のゲーデル数の集合は，算術的でない.

［証明］ 真である算術的文のゲーデル数の集合を T_A とおく．仮に T_A が算術的で

あれば，$\widetilde{T_\mathrm{A}}$ も算術的である．よって，系 1 により，$\widetilde{T_\mathrm{A}}{}^*$ が算術的であることになり，言語 $\mathscr{L}_\mathrm{E}$ のタルスキーの定理の証明と同様の矛盾が生じる．つまり，任意の数 n に対して，

$$H(\overline{n})\ \text{が真である} \Leftrightarrow n \in \widetilde{T_\mathrm{A}}{}^*$$

をみたす**算術的**論理式 $H(v_1)$ が存在し，

$$H[\overline{h}]\ \text{が真である} \Leftrightarrow h \in \widetilde{T_\mathrm{A}}{}^* \Leftrightarrow H[\overline{h}]\ \text{は真ではない．}$$

系 3　集合 $P_\mathrm{E}{}^*$ と $R_\mathrm{E}{}^*$ は Σ 関係であり，集合 $\widetilde{P_\mathrm{E}}{}^*$ は算術的である．

[証明]　集合 P_E と R_E が Σ 関係であることは，すでに示した．よって，系 1 により，集合 $P_\mathrm{E}{}^*$ と $R_\mathrm{E}{}^*$ は Σ 関係である．

集合 P_E は，Σ 関係であることから，算術的である．よって，その補集合 $\widetilde{P_\mathrm{E}}$ も算術的である．したがって，系 1 により，集合 $\widetilde{P_\mathrm{E}}{}^*$ は算術的である．

§6. ペアノ算術における不完全性定理

集合 $\widetilde{P_\mathrm{E}}{}^*$ が算術的であることから，$\widetilde{P_\mathrm{E}}{}^*$ を言及する**算術的**論理式 $H(v_1)$ が存在する．その対角式 $H[\overline{h}]$ は，$\widetilde{P_\mathrm{E}}$ の**算術的**ゲーデル文であり，したがって，体系 $\mathscr{P}.\mathscr{E}.$ で証明可能でない．体系 $\mathscr{P}.\mathscr{E}.$ で証明可能でない以上，明らかに，体系 $\mathscr{P}.\mathscr{A}.$（その公理の集合は，$\mathscr{P}.\mathscr{E}.$ の公理の集合の真部分集合）でも証明可能でない．よって，$H[\overline{h}]$ は真であるにもかかわらず，$\mathscr{P}.\mathscr{A}.$ で証明可能でない．また，$\sim H[\overline{h}]$ が偽であることから，$\sim H[\overline{h}]$ も $\mathscr{P}.\mathscr{A}.$ で証明可能でない．よって，言語 $\mathscr{L}_\mathrm{A}$ の公理系 $\mathscr{P}.\mathscr{A}.$ の文 $H[\overline{h}]$ は，$\mathscr{P}.\mathscr{A}.$ で証明も反証も不可能である．

もちろん，体系 $\mathscr{P}.\mathscr{A}.$ の不完全性を証明するために，体系 $\mathscr{P}.\mathscr{E}.$ を必ずしも用いる必要はない．体系 $\mathscr{P}.\mathscr{A}.$ で証明可能な論理式のゲーデル数の集合を P_A とおく．この集合 P_A が算術的（実際には，Σ 集合）であることを示すためには，第 III 章の命題 3 の証明に若干の変更を加えるだけでよい．体系 $\mathscr{P}.\mathscr{E}.$ の構文論の条件 4 について，$\mathrm{R}_1(x,y,z)$ に対しては，E_z を (E_x+E_y)，$(E_x \cdot E_y)$，$E_x{}'$ のどれかの式とおき，その証明からは $z = x \exp y$ を消去する．この変更によって，$\mathrm{tm}(x)$ と $\mathrm{fm}(x)$ は，E_x を，$\mathscr{P}.\mathscr{E}.$ ではなく $\mathscr{P}.\mathscr{A}.$ の項または論理式とする条件になる．条

件 12 の A(x) に対しては，公理スキーマ $N_{10}(x)$ と $N_{11}(x)$ を消去する．そこで，A(x) は，E_x を $\mathscr{P.A.}$ の公理とする条件になる．これらの変更によって，条件 16 （$P_A(x)$）と 17 （$R_A(x)$）は，E_x を $\mathscr{P.A.}$ で証明可能および反証可能とする条件になる．

よって，集合 P_A は Σ 関係であり，集合 $\widetilde{P_A}$ および $\widetilde{P_A}^*$ は算術的である．そこで，集合 $\widetilde{P_A}^*$ を言及する算術的論理式を $H(v_1)$ とおくと，その対角式 $H[\overline{h}]$ は，体系 $\mathscr{P.E.}$ ではなく，体系 $\mathscr{P.A.}$ における証明不可能性を表すことになる．以上により，次の定理が証明された．

定理 I 体系 $\mathscr{P.A.}$ は不完全である．

問題 1 真であるにもかかわらず，体系 $\mathscr{P.A.}$ で証明可能でない文 $H[\overline{h}]$ を G とおく．$[H(v_1)$ は集合 $\widetilde{P}^*$ を言及する論理式である．] ここで，体系 $\mathscr{P.A.}$ の公理系に，新たな公理として文 G を加えた体系を，$\mathscr{P.A.} + \{G\}$ とおく．このとき，G は真である以上，体系 $\mathscr{P.A.} + \{G\}$ も正確である．この体系は完全だろうか？

II. Σ_1 関 係

以下に続くいくつかの章のために，すべての Σ 関係（および Σ 集合）が，Σ_1 関係でもあることを示す必要がある．この事実は，次の命題から比較的簡単に求めることができる．

命題 C

(a) すべての Σ_0 関係は，Σ_1 関係である．

(b) 関係 $R(x_1, \cdots, x_n, y)$ が Σ_1 関係であれば，

$$\exists y R(x_1, \cdots, x_n, y)$$

も Σ_1 関係である．

(c) 関係 $R_1(x_1, \cdots, x_n)$ と $R_2(x_1, \cdots, x_n)$ が Σ_1 関係であれば，

$$R_1(x_1, \cdots, x_n) \lor R_2(x_1, \cdots, x_n)$$
$$R_1(x_1, \cdots, x_n) \land R_2(x_1, \cdots, x_n)$$

も Σ_1 関係である.

(d) 関係 $R(x_1, \cdots, x_n, y, z)$ が Σ_1 関係であれば,

$$(\exists y \le z) R(x_1, \cdots, x_n, y, z)$$
$$(\forall y \le z) R(x_1, \cdots, x_n, y, z)$$

も Σ_1 関係である.

(e) 関係 R が Σ_0 関係であり, S が Σ_1 関係であれば, $R \supset S$ は Σ_1 関係である.

[証明]

(a) 関係 $R(x_1, \cdots, x_n)$ が Σ_0 関係とすると, この関係を言及する Σ_0 論理式を, $F(v_1, \cdots, v_n)$ とおく. このとき,

$$\exists v_{n+1} F(v_1, \cdots, v_n)$$

は Σ_1 論理式であり (出現しない変数の量化!), 同一の関係 $R(x_1, \cdots, x_n)$ を言及することになる. よって, R は Σ_1 関係である.

(b) 任意の関係 $S(x_1, \cdots, x_n, y, z)$ に対して,

(1) $\exists y \exists z S(x_1, \cdots, x_n, y, z)$

(2) $\exists w (\exists y \le w)(\exists z \le w) S(x_1, \cdots, x_n, y, z)$

の2つの条件が同値であることを示す. まず, 条件 (2) が条件 (1) を含意することは明らかである. 次に, 条件 (1) をみたす数を, $x_1, \cdots, x_n$ とおくと, $S(x_1, \cdots, x_n, y, z)$ を成立させる数 y と z が存在する. ここで, 数 w を y と z の最大値とおくと, この w に対して,

$$(\exists y \le w)(\exists z \le w) S(x_1, \cdots, x_n, y, z)$$

が成立する. したがって, 条件 (2) が成立する.

さて, 関係 $R(x_1, \cdots, x_n, y)$ を Σ_1 関係とする. この関係は, Σ_0 関係 S に対して,

$$\exists z S(x_1, \cdots, x_n, y, z)$$

II. Σ_1 関 係　　　61

の形式とおける．よって，関係 $\exists y R(x_1, \cdots, x_n, y)$ は，

$$\exists y \exists z S(x_1, \cdots, x_n, y, z)$$

と同値である．上に示したように，この関係は，

$$\exists w (\exists y \leq w)(\exists z \leq w) S(x_1, \cdots, x_n, y, z)$$

と同値であり，

$$(\exists y \leq w)(\exists z \leq w) S(x_1, \cdots, x_n, y, z)$$

が $x_1, \cdots, x_n, w$ についての Σ_0 関係であることから，Σ_1 関係である．

(c)　この命題は，「$S_1(x_1, \cdots, x_n, y)$ と $S_2(x_1, \cdots, x_n, y)$ が Σ_0 関係であれば，

$$\exists y S_1(x_1, \cdots, x_n, y) \vee \exists y S_2(x_1, \cdots, x_n, y)$$
$$\exists y S_1(x_1, \cdots, x_n, y) \wedge \exists y S_2(x_1, \cdots, x_n, y)$$

も Σ_1 関係である」という命題と同値である．さて，これらの 2 つの式は，

$$\exists y (S_1(x_1, \cdots, x_n, y) \vee S_2(x_1, \cdots, x_n, y))$$
$$\exists y (S_1(x_1, \cdots, x_n, y) \wedge S_2(x_1, \cdots, x_n, y))$$

と同値であり，条件 (b) により，Σ_1 関係である．

(d)　関係 $R(x_1, \cdots, x_n, y, z)$ を Σ_1 関係とする．関係

$$(\exists y \leq z) R(x_1, \cdots, x_n, y, z)$$

が Σ_1 関係であることは，明らかである．まず，$y \leq z$ は Σ_0 関係である．よって，$y \leq z$ をみたすすべての数の $n+2$ 組 $(x_1, \cdots, x_n, y, z)$ の集合 K は，Σ_0 関係である（集合 K は，Σ_0 論理式：

$$v_1 = v_1 \wedge \cdots \wedge v_n = v_n \wedge v_{n+1} \leq v_{n+2}$$

に言及される）．よって，（条件 (a) により）$K(x_1, \cdots, x_n, y, z)$ は，Σ_1 関係である．したがって，

$$K(x_1, \cdots, x_n, y, z) \wedge R(x_1, \cdots, x_n, y, z)$$

は，（条件 (c) により）Σ_1 関係であり，この式は，

$$y \leq z \wedge R(x_1, \cdots, x_n, y, z)$$

にほかならない．そこで，条件（b）により，

$$\exists y(y \leq z \wedge R(x_1, \cdots, x_n, y, z))$$

は，$(x_1, \cdots, x_n, z$ に関する）Σ_1 関係であり，この式が，

$$(\exists y \leq z)R(x_1, \cdots, x_n, y, z)$$

にほかならない．

もう一方の関係：

$$(\forall y \leq z)R(x_1, \cdots, x_n, y, z)$$

が Σ_1 関係であることを導く証明は，より微妙で興味深い！　関係 R が Σ_1 関係であることから，すべての数 $x_1, \cdots, x_n, y, z$ に対して，

$$R(x_1, \cdots, x_n, y, z)$$

が成立するとき，そしてそのときに限って，

$$\exists w S(x_1, \cdots, x_n, y, z, w)$$

をみたす Σ_0 関係 $S(x_1, \cdots, x_n, y, z, w)$ が存在する．このとき，$(\forall y \leq z)$ $R(x_1, \cdots, x_n, y, z)$ は，

$$(\forall y \leq z)\exists w S(x_1, \cdots, x_n, y, z, w)$$

と同値である．数 $x_1, \cdots, x_n, z$ がこの条件をみたすとすると，すべての数 $y \leq z$ に対して，$S(x_1, \cdots, x_n, y, z, w_y)$ を成立させる数 w_y が存在する．このとき，数 $w_0, w_1, \cdots, w_z$ の最大値を v とおく．よって，$w_0, \cdots, w_z \leq v$ であり，すべての数 $y \leq z$ に対して，

$$S(x_1, \cdots, x_n, y, z, w)$$

を成立させる数 $w \leq v$（すなわち，数 w_y）が存在する．したがって，この数 v に対して，

II. Σ_1 関 係　　　63

$$(\forall y \le z)(\exists w \le v)S(x_1, \cdots, x_n, y, z, w)$$

が成立する．つまり，

$$\exists v(\forall y \le z)(\exists w \le v)S(x_1, \cdots, x_n, y, z, w)$$

が成立する．逆に，この条件は，

$$(\forall y \le z)R(x_1, \cdots, x_n, y, z)$$

と同値である

$$(\forall y \le z)\exists w S(x_1, \cdots, x_n, y, z, w)$$

を含意する．

(e) 関係 R を Σ_0 関係，S を Σ_1 関係とおく．そこで，$\widetilde{R}$ も Σ_0 関係である．よっ
て，条件（a）により，$\widetilde{R}$ は Σ_1 関係である．ゆえに，条件（c）により，$\widetilde{R} \lor$
S，すなわち $R \supset S$ は Σ_1 関係である．

　任意の論理式 $F(v_{i_1}, \cdots, v_{i_k})$ $(i_1 < i_2 < \cdots < i_k)$ と任意の数 $n \ge i_k$ に対して，
$F(\overline{a}_{i_1}, \cdots, \overline{a}_{i_k})$ を真である文にするような，すべての数の n 組 $(a_1, \cdots, a_n)$ の集
合を $F^{(n)}$ とおく．［たとえば，F が論理式 $v_3 + v_1 = v_5$ であれば，$F^{(6)}$ は $a_3 +$
$a_1 = a_5$ をみたすすべての数の 6 組 $(a_1, a_2, a_3, a_4, a_5, a_6)$ の集合を指す．］このと
き，F が 正 則 論 理 式 $F(v_1, \cdots, v_n)$ で あ れ ば，も ち ろ ん，集 合 $F^{(n)}$ は，
$F(v_1, \cdots, v_n)$ に言及される関係である．

　命題 C の条件（a）―（e）に論理式の次数に関する帰納法を適用すれば，任意
の Σ 論理式 $F(v_{i_1}, \cdots, v_{i_k})$ と任意の数 $n \ge i_k$ に対して，関係（または集合）$F^{(n)}$
が Σ_1 関係となることを直接導くことができる．したがって，任意の正則 Σ 論理
式 $F(v_1, \cdots, v_n)$ は，Σ_1 関係を言及する．

命題 $\mathbf{C_1}$　すべての Σ 関係は，Σ_1 関係である．

命題 C_1 と定理 E の系より，次の系が証明された．

系 1　集合 A が Σ_1 集合であれば，A^* も Σ_1 集合である．

64   第 IV 章　べき乗に基づかない算術

系 2　集合 $P_A{}^*$ と $R_A{}^*$ は，Σ_1 集合である.

［補遺］　関係（または集合）は，それ自体とその補関係（または補集合）がともに Σ_1 関係であるとき，**帰納的**と呼ばれる．［関係 $R(x_1, \cdots, x_n)$ の補関係とは，$\sim R(x_1, \cdots, x_n)$ にほかならない.］式 $f(x_1, \cdots, x_n) = y$ が帰納的であるとき，関数 $f(x_1, \cdots, x_n)$ は，帰納的と呼ばれる.

　第 III 章で算術的$_E$ として，また，この章で Σ_1 関係として証明した大部分の関係と集合は，帰納的である．実際に，第 III 章の命題 3 の関係 1—15 は，帰納的である．この事実は，**変数帰納法**と呼ばれる方法で証明されるのが標準的だが，ここでは，もっと簡単な別証の方法を紹介しておこう.

　まず，関数 $\pi(x)$ を $13^{(x^2+x+1)}$ と定義する．このとき，$\pi(x)$ は帰納的である（問題 2 参照）．この定義から，次の定理を導くことができる.

定理 D　任意の数 n と $k \leq n$, 集合 K_{11} の要素（すべて n 以下）の任意の列 $(a_1, \cdots, a_k)$ に対して，その列数 $\delta a_1 \delta \cdots \delta a_k \delta$ は，$\pi(n)$ 以下である.

［証明］　この列数を x とおく．そこで，

$$y = \underbrace{\delta n \delta n \cdots \delta n}_{n} \delta$$

である（δ の前に $\delta * n$ が n 回続く）とき，$x \leq y$ である．このとき，$y \leq \pi(n)$ が成立することを示す.

　任意の数 z に対して，z の（13 進法表記での）長さを $\mathrm{L}(z)$ とおく．そこで，

$$\mathrm{L}(y) = n \cdot \mathrm{L}(n) + n + 1$$

である（δ の長さは 1 だから）．また，$\mathrm{L}(n) \leq n$ であり，よって，

$$\mathrm{L}(y) \leq n^2 + n + 1.$$

そこで，$y \leq 13^{\mathrm{L}(y)}$ であることから，$y \leq 13^{(n^2+n+1)}$ である.

　この章と定理 D の関係は，次の問題で明らかになるだろう.

II. Σ_1 関 係 65

問題 1　任意の関数 $f(x_1, \cdots, x_n)$ に対して，

$$f(x_1, \cdots, x_n) = y$$

が Σ_1 関係であれば，

$$f(x_1, \cdots, x_n) \neq y$$

も Σ_1 関係である（よって，任意の Σ_1 関係は帰納的である）ことを証明せよ．
［関係 $f(x_1, \cdots, x_n)$ が y と等しくなければ，y 以外の何らかの数と等しくなければならないことに注意．］

問題 2　関数 $\pi(x)$ が帰納的であることを証明せよ．

問題 3　任意の帰納的関係 $R(x, y)$ と帰納的関数 $f(x)$ に対して，

$$(\exists y \leq f(x))R(x, y)$$

が帰納的であることを証明せよ．

問題 4　x は項の構成列のゲーデル数であるという条件 $\mathrm{Seqt}(x)$ は，明らかに帰納的である（Σ_0 関係でさえある）．さて，E_x は項であるという条件 $\mathrm{tm}(x)$ が Σ_1 関係であることは，

$$\mathrm{tm}(x) \Leftrightarrow \exists y(\mathrm{Seqt}(y) \wedge x \in y)$$

により，すでに示した．ここで，$\mathrm{tm}(x)$ が帰納的であることを，

$$\mathrm{tm}(x) \Leftrightarrow (\exists y \leq \pi(x))(\mathrm{Seqt}(y) \wedge x \in y)$$

を用いて証明せよ．［条件 $\mathrm{Seqt}(x)$ は，次のような項の構成関係を反映する関係 $R_1(x, y, z)$ を含んでいる．関係 $R_1(x, y, z)$ が成立すれば，z は x と y のどちらよりも大きい．したがって，E_x は，$a_i \leq x$ で重複のない構成列（E_{a_1}, $\cdots$, E_{a_k}）（重複がないことから $k \leq x$ でもある）の要素であるとき，そしてそのときに限って，項である．よって，定理 D により，$(a_1, \cdots, a_k)$ の列数は $\pi(x)$ 以下である．］

問題 5 第 III 章の命題 3 の条件 11 において「$\exists y$」を「$(\exists y \leq \pi(x))$」と代えても同値関係は成立し，よって，論理式のゲーデル数の集合が帰納的であることを証明せよ．

問題 6 同様の方法で，第 III 章の命題 3 の条件 1—15 が，すべて帰納的であることを証明せよ．

問題 7 第 III 章の問題 1 の関係 $\mathrm{Fr}(x, y)$ に対して，関数 $\pi(x)$ を用いて，この関係が帰納的であることを証明せよ．よって，文のゲーデル数の集合が帰納的であることを証明せよ．

問題 8

(1) 論理式 $F(v_{i_1}, \cdots, v_{i_n})$ の（全称的）閉包とは，

$$\forall v_{i_1} \forall v_{i_2} \cdots \forall v_{i_n} F(v_{i_1}, v_{i_2}, \cdots, v_{i_n})$$

である．［もし F が自由変数を含まなければ，F がそれ自体の閉包である．］このとき，（x と y に関する）関係「E_x は論理式である」および「E_y は閉包である」が，帰納的であることを証明せよ．

(2) 上記（1）の帰結を用いて，任意の体系 $\mathscr{S}$ に対して「証明可能な論理式のゲーデル数の集合は帰納的枚挙可能 $\Leftrightarrow$ 証明可能な文のゲーデル数の集合は帰納的枚挙可能」，および「証明可能な論理式のゲーデル数の集合は帰納的 $\Leftrightarrow$ 証明可能な文のゲーデル数の集合は帰納的」であることを証明せよ．

第 V 章

ω 無矛盾性に基づくゲーデルの証明

　第 IV 章で与えたペアノ算術の不完全性定理の証明は，ペアノ算術が**正確である**（つまり，体系 $\mathscr{P}.\mathscr{A}.$ で証明可能なすべての文は**真である**）という仮定に基づいている．ゲーデルによる不完全性定理のオリジナルの証明は，これよりもずっと弱い ω 無矛盾性の仮定に基づくものだった．この章では，ω 無矛盾性に基づく証明を行う．

　ここでは，一般的な公理体系 $\mathscr{S}$ を考察する．体系 $\mathscr{S}$ は，ペアノ算術と同じ論理式を含み，グループ I・II のすべての公理（または，すべての妥当な論理式を証明可能にする（等号を含む）1 階述語論理の公理群でもかまわない）と，モドゥスポネンスおよび一般化を推論規則として構成される．[モドゥスポネンスのみを推論規則とする 1 階述語論理を構成することもできる．Quine [1940] 参照.] このような体系 $\mathscr{S}$ は，**1 階理論**と呼ばれる体系の一例であり，本書では，ペアノ算術以外にもいくつかの 1 階理論を議論する．[1 階理論の構成に基づく最大の相違は，必ずしも「+」と「×」を未定義関数記号として出発する必要はなく，「≤」を未定義述語記号とする必要もないことである．] しかしながら，1 階理論では，任意の関数記号と述語記号を未定義記号として用いることができる．[Tarski [1953] 参照.] ただし，本書で考察する**理論**（または単に**体系**）は，体系 $\mathscr{P}.\mathscr{A}.$ の論理式に基づくものだけである．

　体系 $\mathscr{S}$ において，証明可能かつ反証可能な文が存在しないとき，$\mathscr{S}$ は**単純無矛**

盾（または単に**無矛盾**）と呼ばれる．また，1 個の自由変数 w を含む論理式 $F(w)$ で，$\exists w F(w)$ が証明可能であると同時にすべての文 $F(\overline{0})$, $F(\overline{1})$, $\cdots$, $F(\overline{n})$, $\cdots$ が反証可能であるようなものが存在するとき，$\mathscr{S}$ は **ω 矛盾**と呼ばれる．体系が ω 矛盾であれば，もちろん正確ではない．なぜなら，文 $\exists w F(w)$ が証明可能であれば，少なくとも 1 個の n に対して $F(\overline{n})$ が成立しなければならず，正確な体系が ω 矛盾となることはないからである．ところが，後でわかるように，ω 矛盾体系が単純無矛盾であることは可能である．ω 矛盾でない体系 $\mathscr{S}$ は，**ω 無矛盾**と呼ばれる．すなわち，体系 $\mathscr{S}$ が ω 無矛盾であれば，$\mathscr{S}$ で文 $\exists w F(w)$ が証明可能である限り，少なくとも 1 個の n に対して，文 $F(\overline{n})$ は $\mathscr{S}$ で反証可能ではない．

体系 $\mathscr{S}$ が（単純）矛盾であれば，（$\mathscr{S}$ は命題論理のすべての公理と推論規則を含むため）すべての文は $\mathscr{S}$ で証明可能であり，よって，$\mathscr{S}$ は ω 矛盾でなければならない．言い換えると，$\mathscr{S}$ が ω 無矛盾であれば，$\mathscr{S}$ は単純無矛盾である．

体系 $\mathscr{S}$ で証明可能な論理式のゲーデル数の集合 P が，Σ_1 集合であるとき，$\mathscr{S}$ は**帰納的公理化可能**（または単に**公理化可能**）と呼ばれる．帰納的公理化可能な体系は，**形式体系**，**帰納的枚挙可能体系**，あるいは **Σ_1 体系**とも呼ばれる．第 IV 章では，体系 $\mathscr{P.A.}$ が公理化可能であることを示した．一方，公理化可能でない体系の一例は，論理公理を除くすべての公理が**正確**な算術的論理式で構成される体系 $\mathscr{N}$（完全な算術の理論）である．［正確な論理式の論理的帰結は再び正確な論理式だから，$\mathscr{N}$ の証明可能な論理式は，すべて $\mathscr{N}$ の公理にほかならない．］体系 $\mathscr{N}$ で証明可能な論理式のゲーデル数の集合は，算術的ではなく，Σ_1 関係でもないことから，$\mathscr{N}$ は明らかに公理化可能ではない．

2 つの体系 $\mathscr{S}$ と $\mathscr{S}_1$ に対して，$\mathscr{S}_1$ のすべての証明可能な論理式が $\mathscr{S}$ で証明可能であるとき，$\mathscr{S}$ は $\mathscr{S}_1$ の**拡張**と呼ばれ，$\mathscr{S}_1$ は $\mathscr{S}$ の**部分系**と呼ばれる．たとえば，（$\mathscr{P.A.}$ は正確だから）体系 $\mathscr{P.A.}$ は，完全体系 $\mathscr{N}$ の部分系である．いくつかの興味深い $\mathscr{P.A.}$ の部分系については，後でふれる．

すでに述べたように，すべての正確な体系は，自動的に ω 無矛盾である．よって，体系 $\mathscr{P.A.}$ を正確とする仮定は，$\mathscr{P.A.}$ を ω 無矛盾とする仮定よりも強い．第 IV 章において，体系 $\mathscr{P.A.}$ の不完全性は，$\mathscr{P.A.}$ を正確とする仮定に基づいて証明された．この章の目標は，次の定理を証明することである．

定理 G ペアノ算術が ω 無矛盾であれば，不完全である．

I. 不完全性定理の抽象形式　　　　69

定理 G は，次の 2 つの定理の帰結である．

定理 A　体系 $\mathscr{S}$ が ω 無矛盾な公理化可能体系であり，すべての真である Σ_0 文 が $\mathscr{S}$ で証明可能であれば，$\mathscr{S}$ は不完全である．

定理 B　すべての真である Σ_0 文は，体系 $\mathscr{P.A.}$ で証明可能である．

体系 $\mathscr{P.A.}$ が公理化可能であることは，すでに示した．よって，定理 A と定理 B を証明すれば，定理 G は即座に導かれる．

［注意］　定理 G の証明は，ただ単に体系 $\mathscr{P.A.}$ の不完全性を示す「別証」以上の 内容を含んでいる．この証明過程には，$\mathscr{P.A.}$ とその部分系に対する重要な情報 （本書の残りの章にも必要）が現われてくる．

この章の第 I 部では，より抽象的な（公理化可能な体系ばかりでなく，公理化可 能でない体系にも適用できる）不完全性定理から，定理 A を導く．第 II 部では， 定理 B の証明（実際には，より強い帰結）を導く．

I. 不完全性定理の抽象形式

§1. 不完全性定理の基礎

（変数 v_1 のみが自由出現する）論理式 $F(v_1)$ は，文 $F(\overline{n})$ が体系 $\mathscr{S}$ で証明可能 なすべての数 n のみを要素とする数集合 A に対して，A を**表現する**という．より 一般的に，論理式 $F(v_1, \cdots, v_n)$ は，文 $F(\overline{n}_1, \cdots, \overline{n}_k)$ が $\mathscr{S}$ で証明可能なすべて の数の k 組 $(n_1, \cdots, n_k)$ の集合を**表現する**．

ここで体系 $\mathscr{S}$ が $\mathscr{P.A.}$ の場合を考えてみよう．論理式 $F(v_1)$ は，文 $F(\overline{n})$ が真 であるようなすべての数 n の集合を**言及**し，同時に $F(v_1)$ は，文 $F(\overline{n})$ が $\mathscr{P.A.}$ で証明可能であるようなすべての数 n の集合を**表現**する．体系 $\mathscr{P.A.}$ が正確であ る以上，$F(v_1)$ に表現される集合は，$F(v_1)$ に言及される集合の部分集合となる． しかし，これらの 2 つの集合は，大きく異なる．たとえば，真であるにもかかわ らず $\mathscr{P.A.}$ で証明不可能な文を G とおき，$F(v_1)$ を論理式 $G \wedge (v_1 = v_1)$ とおく．

すると，$F(v_1)$ に言及される集合は，すべての自然数の集合となるが，$F(v_1)$ に表現される集合は，空集合にすぎない！［なぜか？］一般に，言及可能な集合は算術的集合だが，（後でわかるように）$\mathscr{P.A.}$ で表現可能な集合は Σ_1 集合にすぎない．ここで注意しておきたいのは，言及可能な集合は，完全理論 $\mathscr{N}$ で表現可能な集合と同値ということである．［よって，Mostowski［1952］が示しているように，言及可能性は表現可能性の特別な場合にすぎない］．

　それでは，任意の体系 $\mathscr{S}$（必ずしも公理化可能である必要はない）を考えることにしよう．体系 $\mathscr{S}$ で証明可能な論理式のゲーデル数の集合を P とおき，$\mathscr{S}$ で反証可能な論理式のゲーデル数の集合を R とおく．また，$E_n[\overline{n}]$ を $\mathscr{S}$ で証明可能にするすべての数 n の集合を P^* とおき，$E_n[\overline{n}]$ を $\mathscr{S}$ で反証可能にするすべての数 n の集合を R^* とおく．$\mathscr{S}$ を体系 $\mathscr{P.A.}$ の特別な場合とみると，P^* と R^* が以下の展開で重要な役割を果たすことになる．

　定理 1　体系 $\mathscr{S}$ は単純無矛盾であり，論理式 $H(v_1)$ の否定が $\mathscr{S}$ の集合 P^* を
　　表現すると仮定する．このとき，論理式 $H(v_1)$ のゲーデル数を h とおくと，
　　文 $H(\overline{h})$ は $\mathscr{S}$ で証明可能でも反証可能でもない．

　定理 1 を証明する前に，基礎的な事実にふれておこう．任意の数 n と論理式 $H(v_1)$ に対して，文 $H(\overline{n}) \equiv H[\overline{n}]$（省略しなければ，$H[\overline{n}] \equiv \forall v_1(v_1 = \overline{n} \supset H(v_1))$）は，算術的に真であるばかりでなく，（等号を含む）1 階述語論理の定理でもある．よって，この文は（グループ I・II のすべての公理が $\mathscr{S}$ の公理である以上）$\mathscr{S}$ で実際に証明可能である．したがって，$H(\overline{n})$ が $\mathscr{S}$ で証明可能であるとき，そしてそのときに限って $H[\overline{n}]$ は $\mathscr{S}$ で証明可能であり，$H(\overline{n})$ が $\mathscr{S}$ で反証可能であるとき，そしてそのときに限って $H[\overline{n}]$ は $\mathscr{S}$ で反証可能である．特に，$H(v_1)$ のゲーデル数が h であれば，

$$H(\overline{h}) \text{ が } \mathscr{S} \text{ で証明可能} \Leftrightarrow H[\overline{h}] \text{ が } \mathscr{S} \text{ で証明可能} \Leftrightarrow h \in P^*$$

が成立し，同様に，

$$H(\overline{h}) \text{ が } \mathscr{S} \text{ で反証可能} \Leftrightarrow h \in R^*$$

が成立する．よって，次の補助定理が証明された．

I. 不完全性定理の抽象形式　　71

　補助定理1　ゲーデル数を h とする任意の論理式 $H(v_1)$ に対して，
　（1）　$H(\overline{h})$ が $\mathscr{S}$ で証明可能 $\Leftrightarrow h \in P^*$.
　（2）　$H(\overline{h})$ が $\mathscr{S}$ で反証可能 $\Leftrightarrow h \in R^*$.

[定理1の証明]　体系 $\mathscr{S}$ は単純無矛盾であり，論理式 $H(v_1)$ の**否定**が $\mathscr{S}$ の集合 P^* を表現すると仮定する．論理式 $H(v_1)$ の否定が P^* を表現することから，任意の数 n に対して，文 $H(\overline{n})$ が $\mathscr{S}$ で反証可能であるとき，そしてそのときに限って $n \in P^*$ である．特に，$H(\overline{h})$ が $\mathscr{S}$ で**反証可能**であるとき，そしてそのときに限って，$h \in P^*$ である．しかし，補助定理1により，$H(\overline{h})$ が $\mathscr{S}$ で**証明可能**であるとき，そしてそのときに限って，$h \in P^*$ でもある．よって，$H(\overline{h})$ が $\mathscr{S}$ で証明可能であるとき，そしてそのときに限って，$H(\overline{h})$ は $\mathscr{S}$ で反証可能である．このことは，$H(\overline{h})$ が $\mathscr{S}$ で証明可能であると同時に反証可能であるか，あるいは，そのどちらでもないことを意味する．しかし，$\mathscr{S}$ は単純無矛盾であり，$H(\overline{h})$ が $\mathscr{S}$ で証明可能であると同時に反証可能であることはない．したがって，$H(\overline{h})$ は $\mathscr{S}$ で証明可能でも反証可能でもない．

　　問題　その否定が P^* を表現する論理式を与える代わりに，$\widetilde{P^*}$ を表現する論理式を考えることに意味があるだろうか？　この方法は，まったく役に立たない！　なぜか？［問題2参照.］

　　系　体系 $\mathscr{S}$ が無矛盾であり，集合 P^* が $\mathscr{S}$ で表現可能であれば，$\mathscr{S}$ は不完全である．

[証明1]　体系 $\mathscr{S}$ が無矛盾であり，集合 P^* を表現する論理式を $F(v_1)$ とおく．よって，$\sim\sim F(v_1)$ もまた P^* を表現する．［なぜか？］よって，論理式 $H(v_1)$，つまり $\sim F(v_1)$ は，その否定が P^* を表現することになり，定理1の仮定はみたされる．

[証明2]　証明1は，対角化の議論を避けて定理1から導かれるが，不必要な回り道を含んでいる．［その上，二重否定の法則を持たない直観主義論理に基づく体系には応用できない．］次に述べる証明は，より直接的である．
　論理式 $H(v_1)$ が集合 P^* を表現すると仮定し，論理式 $\sim H(v_1)$ のゲーデル数を

k とおく. そこで, ($\mathscr{S}$ の無矛盾性から) 文 $H(\overline{k})$ は $\mathscr{S}$ で決定不可能である. この証明の詳細は, 読者に試みていただきたい.

問題 1 上記の文 $H(\overline{k})$ が, (体系 $\mathscr{S}$ が無矛盾であれば) $\mathscr{S}$ で決定不可能であることを証明せよ.

問題 2 集合 $\widetilde{P^*}$ は, (体系 $\mathscr{S}$ が無矛盾であるか否かにかかわらず) $\mathscr{S}$ で表現可能でないことを証明せよ. [これが上記の問題の答となる.]

問題 3 集合 $\widetilde{P^*}$ は, 体系 $\mathscr{S}$ では表現可能でないが, $\mathscr{S}$ の無矛盾な拡張 $\mathscr{S}'$ において表現可能となることはある. その場合, $\mathscr{S}$ が不完全でなければならないことを証明せよ. この証明は, すでに導いたどの定理と関係しているだろうか?

双対定理 Smullyan[1961] では, 定理 1 の双対となる次の定理を示した.

定理 1° 体系 $\mathscr{S}$ が単純無矛盾であり, 集合 R^* が $\mathscr{S}$ で表現可能であれば, $\mathscr{S}$ は不完全である.

[証明] 体系 $\mathscr{S}$ が無矛盾であり, 集合 R^* を表現する論理式を $H(v_1)$ とおく. 再び, $H(v_1)$ のゲーデル数を h とおく. そこで, 補助定理 1 により,

$$H(\overline{h}) \text{ は } \mathscr{S} \text{ で証明可能} \Leftrightarrow h \in R^* \Leftrightarrow H(\overline{h}) \text{ は } \mathscr{S} \text{ で反証可能}$$

が成立し, 定理 1 と同様の議論によって証明される.

定理 1 (または定理 1°) は, 定理 A (よって定理 G) への道筋を与えるものである. 次の節では, 定理 A の仮定が成立すれば, 集合 P^* と R^* がともに $\mathscr{S}$ で表現可能であることを示す.

[注意] 定理 1 と定理 1° は, それぞれ第 I 章の問題 2 と問題 4 の特別な場合を表している. なぜそうなるのか, 読者はおわかりだろうか?

問題 4 体系 $\mathscr{S}$ を $\mathscr{N}$ の部分系とする．［つまり，$\mathscr{S}$ で証明可能なすべての文は真である．］v_1 を自由変数とする論理式を $H(v_1)$，そのゲーデル数を h とおく．

(1) 論理式 $H(v_1)$ の否定が，集合 P^* を言及すると同時に，集合 P^* を表現すると仮定する．この場合，文 $H(\overline{h})$ は，$\mathscr{S}$ で決定不可能であることをすでに示した．［体系 $\mathscr{S}$ は $\mathscr{N}$ の部分系だから，自動的に無矛盾である．］それにもかかわらず，$H(\overline{h})$ は真か偽のどちらかである．どちらだろうか？

(2) 論理式 $H(v_1)$ が，集合 R^* を言及すると同時に，集合 R^* を表現すると仮定する．この場合，文 $H(\overline{h})$ は真か偽か？

§2. ω 無矛盾性の補助定理

ここまでくれば，どのようにして ω 無矛盾性が登場するのかがおわかりになるだろう．

すべての数 n に対して，次の 2 つの条件が成立するとき，論理式 $F(v_1, v_2)$ は，体系 $\mathscr{S}$ において集合 A を**枚挙する**という．

(1) $n \in A$ であれば，少なくとも 1 個の数 m に対して，文 $F(\overline{n}, \overline{m})$ が $\mathscr{S}$ で証明可能である．

(2) $n \notin A$ であれば，**すべての**数 m に対して，文 $F(\overline{n}, \overline{m})$ が $\mathscr{S}$ で反証可能である．

体系 $\mathscr{S}$ において集合 A を枚挙する論理式 $F(v_1, v_2)$ が存在するとき，A は $\mathscr{S}$ で枚挙可能と呼ばれる．

補助定理 ω　［ω 無矛盾補助定理］ 体系 $\mathscr{S}$ が ω 無矛盾であれば，$\mathscr{S}$ のすべての枚挙可能集合は，$\mathscr{S}$ で表現可能である．特に，$\mathscr{S}$ が ω 無矛盾であり，論理式 $F(v_1, v_2)$ が $\mathscr{S}$ において集合 A を枚挙するとき，論理式 $\exists v_2 F(v_1, v_2)$ が A を表現する．

［証明］

(1) もし $n \in A$ であれば，少なくとも 1 個の数 m に対して，文 $F(\overline{n}, \overline{m})$ が $\mathscr{S}$ で証明可能である．よって，文 $\exists v_2 F(\overline{n}, v_2)$ は $\mathscr{S}$ で証明可能である．

74   第 V 章　ω 無矛盾性に基づくゲーデルの証明

(2) 逆に，論理式 $\exists v_2 F(\overline{n}, v_2)$ が $\mathscr{S}$ で証明可能とする．もし $n \notin A$ であれば，す
べての文 $F(\overline{n}, \overline{0}), F(\overline{n}, \overline{1}), \cdots, F(\overline{n}, \overline{m}), \cdots$ は $\mathscr{S}$ で反証可能であり，それは
$\mathscr{S}$ が ω 矛盾であることを意味する．［論理式 $\exists v_2 F(\overline{n}, v_2)$ が $\mathscr{S}$ で証明可能だ
から．］よって，$\mathscr{S}$ が ω 無矛盾であれば，$n \in A$ でなければならない．
　上記（1）と（2）により，論理式 $\exists v_2 F(v_1, v_2)$ が $\mathscr{S}$ の集合 A を表現する．

　定理 1，系，定理 1°，補助定理 ω より，次の定理が証明された．

定理 2　体系 $\mathscr{S}$ が ω 無矛盾であり，集合 P^* または集合 R^* が $\mathscr{S}$ で枚挙可能で
あれば，$\mathscr{S}$ は不完全である．

問題 5　体系 $\mathscr{S}$ が ω 無矛盾であり，すべての真である Σ_0 文が $\mathscr{S}$ で証明可能で
あれば，すべての Σ_1 集合が $\mathscr{S}$ で表現可能であることを証明せよ．

問題 6　論理式 $F(v_1, v_2)$ は，それ自体が言及する関係を体系 $\mathscr{S}$ で表現し，す
べての数 n と m に対して，文 $F(\overline{n}, \overline{m})$ が $\mathscr{S}$ で証明可能または反証可能であ
ると仮定する．体系 $\mathscr{S}$ が ω 無矛盾であれば，論理式 $\exists v_2 F(v_1, v_2)$ は，それ自
体が言及する集合を $\mathscr{S}$ で表現することを証明せよ．

　定理 2 の意義　ゲーデルに従って，定理 2 の意義を考察しよう．体系 $\mathscr{S}$ は ω 無
矛盾であり，集合 P^* は $\mathscr{S}$ で枚挙可能であると仮定する．$\mathscr{S}$ において P^* を枚
挙する論理式を $A(v_1, v_2)$ とおく．そこで，w 無矛盾の補助定理により，論理式
$\exists v_2 A(v_1, v_2)$ は，$\mathscr{S}$ で P^* を表現する．さて，論理式 $\exists v_2 A(v_1, v_2)$ は，$\sim\!\forall v_2$
$\sim\!A(v_1, v_2)$ の省略表記である．よって，論理式 $\forall v_2 \sim\!A(v_1, v_2)$ の否定が $\mathscr{S}$ で P^*
を表現することになる．このとき，論理式 $\forall v_2 \sim\!A(v_1, v_2)$ のゲーデル数を a とお
くと，定理 1 により，文 $\forall v_2 \sim\!A(\overline{a}, v_2)$ は，$\mathscr{S}$ で決定不可能である．
　次が，非常に意義深い点である．文 $\forall v_2 \sim\!A(\overline{a}, v_2)$ を G と呼ぶ．［この G こそが
ゲーデルの用いた文である．］すでに示したように，体系 $\mathscr{S}$ が ω 無矛盾であれば，
G は $\mathscr{S}$ で証明可能でも反証可能でもない．しかし，G が $\mathscr{S}$ で証明可能でないこ
とを示すためには，$\mathscr{S}$ の**単純無矛盾性**しか要求されないのである！　その理由を
説明しよう．
　文 $\forall v_2 \sim\!A(\overline{a}, v_2)$ が $\mathscr{S}$ で証明可能であると仮定する．すると，（$H(v_1)$ を

I. 不完全性定理の抽象形式 75

$\forall v_2 A(v_1, v_2)$ とおくと補助定理 1 により，) a は P^* の要素である．さて，論理式 $A(v_1, v_2)$ が $\mathscr{S}$ において集合 P^* を枚挙することから，文 $A(\overline{a}, \overline{m})$ を $\mathscr{S}$ で証明可能にする数 m が存在する．よって，文 $\exists v_2 A(\overline{a}, v_2)$ は $\mathscr{S}$ で証明可能だが，この文は $\sim\forall v_2 \sim A(\overline{a}, v_2)$ と同値であり，$\forall v_2 \sim A(\overline{a}, v_2)$ の否定，つまり文 $\sim G$ にほかならない．つまり，G が $\mathscr{S}$ で証明可能であれば，その否定も証明可能であることになり，このことは $\mathscr{S}$ が**単純矛盾**であることを意味する．したがって，$\mathscr{S}$ が単純無矛盾であれば，G は $\mathscr{S}$ で証明可能ではない．[ω 無矛盾性の仮定は，G が $\mathscr{S}$ で反証可能でないことを示すためのみに必要となるわけである．] 以上から，次の定理が証明された．

定理 3 論理式 $A(v_1, v_2)$ が，体系 $\mathscr{S}$ において集合 P^* を枚挙すると仮定する．論理式 $\forall v_2 \sim A(v_1, v_2)$ のゲーデル数を a とおき，文 $\forall v_2 \sim A(\overline{a}, v_2)$ を G とおく．このとき，
 (1) 体系 $\mathscr{S}$ が単純無矛盾であれば，文 G は $\mathscr{S}$ で証明可能でない．
 (2) 体系 $\mathscr{S}$ が ω 無矛盾であれば，文 G は $\mathscr{S}$ で反証可能でもない．

もちろん，同様の方法を集合 R^* に適用すると，次の双対定理を得ることができる．

定理 3° 論理式 $B(v_1, v_2)$ が，体系 $\mathscr{S}$ において集合 R^* を枚挙すると仮定する．論理式 $\exists v_2 B(v_1, v_2)$ のゲーデル数を b とおき，文 $\forall v_2 \sim B(\overline{b}, v_2)$ を G_1 とおく．このとき，
 (1) 体系 $\mathscr{S}$ が単純無矛盾であれば，文 G_1 は $\mathscr{S}$ で証明可能でない．
 (2) 体系 $\mathscr{S}$ が ω 無矛盾であれば，文 G_1 は $\mathscr{S}$ で反証可能でもない．

この節の目標とする定理 A は，次の定理の帰結となる．

定理 A′ 公理化可能体系 $\mathscr{S}$ が ω 無矛盾であり，$\mathscr{S}$ のすべての Σ_1 集合が枚挙可能であるとき，$\mathscr{S}$ は不完全でなければならない．

[証明] 体系 $\mathscr{S}$ が公理化可能であることから，（公理化可能性の定義により）集合 P は Σ_1 集合である．よって，集合 P^* は Σ_1 集合である．[第 IV 章で示したよ

うに，任意の Σ_1 集合 A に対して，集合 A^* も Σ_1 集合である．] ここで，仮定により，集合 P^* は $\mathscr{S}$ で枚挙可能となる．よって，定理3（または定理3°）により，$\mathscr{S}$ は不完全でなければならない．

[注意] 集合 P が Σ_1 集合であれば，集合 R も Σ_1 集合であり，よって，集合 R^* も Σ_1 集合である．[なぜか？] だから，定理3° の方法を用いても，定理 A′ を証明することができる．

さて，定理 A′ の帰結として定理 A を導くために残っているのは，すべての真である Σ_0 文が $\mathscr{S}$ で証明可能であれば，すべての Σ_1 集合が $\mathscr{S}$ で**枚挙可能**であることの証明である．この点を，より一般的に示すことにしよう．

すべての数 $k_1, \cdots, k_n$ が以下の2つの条件をみたすとき，論理式 $F(v_1, \cdots, v_n, v_{n+1})$ は $\mathscr{S}$ において関係 $R(x_1, \cdots, x_n)$ を**枚挙する**という．

(1) 関係 $R(k_1, \cdots, k_n)$ が成立すれば，文 $F(\overline{k}_1, \cdots, \overline{k}_n, \overline{k})$ を $\mathscr{S}$ で証明可能にする数 k が存在する．

(2) 関係 $R(k_1, \cdots, k_n)$ が成立しなければ，すべての数 k に対して，文 $F(\overline{k}_1, \cdots, \overline{k}_n, \overline{k})$ は $\mathscr{S}$ で反証可能である．

補助定理2 すべての真である Σ_0 文が $\mathscr{S}$ で証明可能であれば，すべての Σ_1 関係と Σ_1 集合は $\mathscr{S}$ で枚挙可能である．

[証明] 任意の Σ_1 関係（$n = 1$ であれば集合）を $R(x_1, \cdots, x_n)$ とおく．そこで，すべての数 $x_1, \cdots, x_n$ に対して

$$R(x_1, \cdots, x_n) \Leftrightarrow \exists y S(x_1, \cdots, x_n, y)$$

をみたす Σ_0 関係 $S(x_1, \cdots, x_n, y)$ が存在する．このとき，関係 $S(x_1, \cdots, x_n, y)$ を言及する Σ_0 論理式を $F(v_1, \cdots, v_n, v_{n+1})$ とおく．以下，$F(v_1, \cdots, v_n, v_{n+1})$ が $\mathscr{S}$ において関係 $R(x_1, \cdots, x_n)$ を枚挙することを示す．

(1) 関係 $R(k_1, \cdots, k_n)$ が成立する場合，

$$S(k_1, \cdots, k_n, k)$$

を成立させる数 k が存在する．よって，$F(\overline{k}_1, \cdots, \overline{k}_n, \overline{k})$ は真である Σ_0 文で

I. 不完全性定理の抽象形式　　　77

あり，$\mathscr{S}$ で証明可能となる．

(2) 関係 $R(k_1, \cdots, k_n)$ が成立しない場合，すべての数 k に対して，$S(k_1, \cdots, k_n, k)$ は偽である．よって，

$$\sim F(\overline{k_1}, \cdots, \overline{k_n}, \overline{k})$$

は真であり，Σ_0 文となることから，$\mathscr{S}$ で証明可能である．つまり，すべての数 k に対して，$F(\overline{k_1}, \cdots, \overline{k_n}, \overline{k})$ は，$\mathscr{S}$ で反証可能である．

上記 (1) と (2) により，論理式 $F(v_1, \cdots, v_n, v_{n+1})$ は $\mathscr{S}$ において関係 $R(x_1, \cdots, x_n)$ を枚挙する．

補助定理 2 と定理 A′ によって，定理 A の証明は完結した．続いて定理 B の証明に入る前に，定理 A の「自己強化」ともいえる興味深い帰結を紹介しよう．

定理 A* 任意の公理化可能体系 $\mathscr{S}$ が ω 無矛盾であり，すべての偽である Σ_0 文が $\mathscr{S}$ で証明可能でなければ，$\mathscr{S}$ は不完全でなければならない．

[証明] すべての真である Σ_0 文は，$\mathscr{S}$ で証明可能であるか，そうでないかである．証明可能である場合，定理 A により，$\mathscr{S}$ は不完全である．証明可能でない場合，真であると同時に $\mathscr{S}$ で証明可能でない Σ_0 文 X が存在することになる．このとき，$\sim X$ は偽である Σ_0 文であり，仮定により $\mathscr{S}$ で証明可能でない．よって，X は $\mathscr{S}$ で決定不可能である．

上記の証明で，より弱い仮定に基づく定理 A* を証明するために，定理 A を用いたことに注意してほしい．[より弱い仮定という意味は，体系 $\mathscr{S}$ が ω 無矛盾であれば，$\mathscr{S}$ は単純無矛盾だからである．よって，すべての真である Σ_0 文が $\mathscr{S}$ で証明可能であれば，偽である任意の Σ_0 文 X に対して，その否定が $\mathscr{S}$ で証明可能な Σ_0 文である以上，X は $\mathscr{S}$ で証明可能でない．]だが，次の問題 7 で示すように，定理 A* は直接証明することができる．[その上，上記の証明以上の情報も得ることになる．]その場合は，定理 A は系として証明することができる．

問題 7 公理化可能体系 $\mathscr{S}$ において，集合 P^* を定義域とする Σ_0 関係 $R(x, y)$

を言及する Σ_0 論理式を $A(v_1, v_2)$ とおく[†]. 論理式 $\forall v_2 \sim A(v_1, v_2)$ のゲーデル数を a とおき, 文 $\forall v_2 \sim A(\overline{a}, v_2)$ を G とおく. このとき,

(1) 文 G が $\mathscr{S}$ で証明可能であれば, 少なくとも 1 個の偽である Σ_0 文が $\mathscr{S}$ で証明可能であることを証明せよ.

(2) 体系 $\mathscr{S}$ が ω 無矛盾であり, 文 G が $\mathscr{S}$ で反証可能であれば, 少なくとも 1 個の真である Σ_0 文が $\mathscr{S}$ で証明可能でないことを証明せよ.

(3) 上記 (1) と (2) から定理 A^* を導け.

[問題 7 の解答] この結果は, 一般にあまり知られていないので, 解答を示そう.

(1) 文 G が $\mathscr{S}$ で証明可能であれば, $a \in P^*$ である. よって, ある数 n に対して文 $A(\overline{a}, \overline{n})$ は真であり, その数 n に対して $\sim A(\overline{a}, \overline{n})$ は偽となる. しかし, すべての数 n に対して, 文 $\sim A(\overline{a}, \overline{n})$ は証明可能である. [なぜなら, $\forall y \sim A(\overline{a}, y)$ が証明可能だから.] よって, 少なくとも 1 個の数 n に対して, 偽である Σ_0 文 $\sim A(\overline{a}, \overline{n})$ が証明可能である.

(2) 文 $\sim G$, つまり文 $\sim \forall y \sim A(\overline{a}, y)$ が証明可能であれば, 文 $\exists y A(\overline{a}, y)$ は証明可能である. さて, 体系 $\mathscr{S}$ が ω 無矛盾であれば, 少なくとも 1 個の数 n に対して, 文 $\sim A(\overline{a}, \overline{n})$ は証明可能でない. しかし, $\mathscr{S}$ が ω 無矛盾であることから, $\mathscr{S}$ は単純無矛盾でもあり, G は $\mathscr{S}$ で証明可能でない. よって, $a \notin P^*$ である. したがって, すべての数 n に対して, 文 $A(\overline{a}, \overline{n})$ は偽であり, 文 $\sim A(\overline{a}, \overline{n})$ は真である. しかし, 数 n に対して文 $\sim A(\overline{a}, \overline{n})$ が証明可能でないことから, 少なくとも 1 個の真である Σ_0 文は証明可能でない.

(3) すべての偽である Σ_0 文が証明可能でないのだから, (1) により, 文 G は $\mathscr{S}$ で証明可能でない. G が $\mathscr{S}$ で反証可能でなければ, G は $\mathscr{S}$ で決定不可能である. 一方, G が $\mathscr{S}$ で反証可能であれば, (2) により, 真であると同時に $\mathscr{S}$ で証明可能でない Σ_0 文 X が存在することになる. このとき, $\sim X$ は偽である Σ_0 文であり, 仮定により $\mathscr{S}$ で証明可能でない. よって, X は $\mathscr{S}$ で決定不可能である.

　体系 $\mathscr{P.A.}$ が公理化可能であることをすでに示した. そこで, 定理 A^* により, $\mathscr{P.A.}$ が完全であれば, $\mathscr{P.A.}$ は (少なくとも 1 個の Σ_1 論理式に対して) ω 矛盾

[†][訳注] すなわち, 任意の数 n に対して, $n \in P^*$ であるとき, そしてそのときに限って, $A(\overline{n}, \overline{m})$ が真である文となる数 m が存在する.

であるか，少なくとも1個の偽である Σ_0 文が $\mathscr{P.A.}$ で証明可能であることになる．第 II 部で定理 B を証明した後には，体系 $\mathscr{P.A.}$ が完全であれば，$\mathscr{P.A.}$ が ω 矛盾であることが明らかになるだろう．

II. Σ_0 完 全 性

ここから定理 B の証明に入るが，実際には，後のいくつかの章で必要になる，より強い帰結も示すことにしよう．

すべての真である Σ_0 文が体系 $\mathscr{S}$ で証明可能であるとき，$\mathscr{S}$ は $\boldsymbol{\Sigma_0}$ **完全**と呼ばれる．続く小節では，体系 $\mathscr{P.A.}$ ばかりでなく，$\mathscr{P.A.}$ の部分系に対しても Σ_0 完全性が成立することを証明する．これらの結果は，メタ数学上の非常に重要な役割を果たしている．

§3. 基 礎 概 念

まず最初に，体系 $\mathscr{S}$ が Σ_0 完全であるための十分条件を示そう．真であると同時に $\mathscr{S}$ で証明可能であるか，偽であると同時に $\mathscr{S}$ で反証可能であるような Σ_0 文は，**正確に決定可能**と呼ばれる．

命題 1 次の 2 つの条件は，体系 $\mathscr{S}$ が Σ_0 完全であるための十分条件である．

C_1：すべての原子 Σ_0 文は，$\mathscr{S}$ で正確に決定可能である．

C_2：変数 w のみが自由出現する任意の Σ_0 論理式 $F(w)$ と，任意の数 n に対して，すべての文 $F(\overline{0})$, $\cdots$, $F(\overline{n})$ が $\mathscr{S}$ で証明可能であれば，文 $(\forall w \leq \overline{n}) F(w)$ も証明可能である．

［証明］ 条件 C_1 と C_2 が成立すると仮定する．文の次数に関する帰納法により，すべての Σ_0 文が $\mathscr{S}$ で正確に決定可能であること（よって，もちろん，すべての真である Σ_0 文が $\mathscr{S}$ で証明可能であること）を示す．

(1) 条件 C_1 により，次数 0 のすべての Σ_0 文は $\mathscr{S}$ で正確に決定可能である．

(2) 任意の文 X と Y に対して，X と Y がともに $\mathscr{S}$ で正確に決定可能であれば，$\sim X$ と $X \supset Y$ も $\mathscr{S}$ で正確に決定可能であることは，命題論理から明らかで

ある．[証明は，読者におまかせする．]

(3) 原子文でなく，$\sim X$ と $X \supset Y$ の形式でもない任意の Σ_0 文 Z は，$(\forall w \leq \overline{n})F(w)$ の形式でなければならない．[論理式 $F(w)$ は，変数 w のみが自由出現し，Z よりも低い次数を持つ Σ_0 論理式である．] このとき，それ自体よりも低い次数のすべての Σ_0 文が $\mathscr{S}$ で正確に決定可能であるような Σ_0 文を考察する．証明しなければならないのは，Σ_0 文 $(\forall w \leq \overline{n})F(w)$ が $\mathscr{S}$ で正確に決定可能なことである．

この文が真であれば，すべての文 $F(\overline{0}), \cdots, F(\overline{n})$ は真である．これらの文の次数は，$(\forall w \leq \overline{n})F(w)$ の次数よりも低いため，すべての文が（帰納法の仮定により）$\mathscr{S}$ で証明可能である．したがって，条件 C_2 により，文 $(\forall w \leq \overline{n})F(w)$ は $\mathscr{S}$ で証明可能である．

この文が偽であれば，少なくとも 1 個の数 $m \leq n$ に対して文 $F(\overline{m})$ は偽であり，よって，（再び帰納法の仮定により）$\mathscr{S}$ で反証可能である．ここで，$\overline{m} \leq \overline{n}$ は真である Σ_0 文であり，条件 C_1 により，$\mathscr{S}$ で証明可能である．文 $\sim F(\overline{m})$ と $\overline{m} \leq \overline{n}$ がともに $\mathscr{S}$ で証明可能であることから，$\overline{m} \leq \overline{n} \supset F(\overline{m})$ も $\mathscr{S}$ で反証可能である．しかし，

$$(\forall w \leq \overline{n})F(w) \supset (\overline{m} \leq \overline{n} \supset F(\overline{m}))$$

は（論理的に妥当だから）$\mathscr{S}$ で証明可能であり，よって，文 $(\forall w \leq \overline{n})F(w)$ は $\mathscr{S}$ で反証可能である．

以上により，命題 1 は証明された．

命題 2　次の 3 つの条件は，体系 $\mathscr{S}$ が Σ_0 完全であるための十分条件である．

D_1：すべての真である原子 Σ_0 文は，$\mathscr{S}$ で証明可能である．

D_2：任意の異なる数 m と n に対して，文 $\overline{m} \neq \overline{n}$ は $\mathscr{S}$ で証明可能である．

D_3：任意の変数 w と数 n に対して，

$$w \leq \overline{n} \supset (w = \overline{0} \lor \cdots \lor w = \overline{n})$$

は，$\mathscr{S}$ で証明可能である．

特に，条件 D_1，D_2，D_3 は，命題 1 の条件 C_1 を導き，条件 D_3 は，命題 1 の条件 C_2 を導く．

II. Σ_0 完全性　　　　81

［証明］

(1) 条件 D_1，D_2，D_3 が成立するとき，条件 C_1 が成立しなければならないことを示す.

　　条件 D_1 により，すべての真である原子 Σ_0 文は，$\mathscr{S}$ で証明可能である. そこで，すべての偽である原子 Σ_0 文が，$\mathscr{S}$ で反証可能であることを示せばよい.

　　偽である Σ_0 文が，$\overline{m} = \overline{n}$ の形式であれば，条件 D_2 により，$\mathscr{S}$ で反証可能である.

　　偽である Σ_0 文が，$\overline{m} \leq \overline{n}$ の形式とする. この文が偽であることから，

$$\overline{m} = \overline{0}, \cdots, \overline{m} = \overline{n}$$

はすべて偽である. よって，（条件 D_2 により）これらはすべて $\mathscr{S}$ で反証可能であり，

$$\overline{m} = \overline{0} \vee \cdots \vee \overline{m} = \overline{n}$$

は反証可能である. そこで，条件 D_3 により（w に $\overline{m}$ を代入して），$\overline{m} \leq \overline{n}$ は反証可能である.

　　偽である Σ_0 文が，$\overline{m} + \overline{n} = \overline{k}$ の形式とする. この文が偽であることから，$m + n = p$ をみたす数 $p \neq k$ が存在する. よって，$\overline{m} + \overline{n} = \overline{p}$ は $\mathscr{S}$ で証明可能であり（条件 D_1 により），$\overline{p} \neq \overline{k}$ は $\mathscr{S}$ で証明可能である（条件 D_2 による）. したがって，論理式 $\overline{m} + \overline{n} \neq \overline{k}$ は $\mathscr{S}$ で証明可能である. ［なぜなら，任意の項 t_1，t_2，t_3 に対して，

$$(t_1 = t_2 \wedge t_2 \neq t_3) \supset (t_1 \neq t_3)$$

は（等号を含む）1 階述語論理において論理的に妥当であり，$\mathscr{S}$ で証明可能だから.］ よって，偽である $\overline{m} + \overline{n} = \overline{k}$ の形式の文は，$\mathscr{S}$ で反証可能である.

　　偽である Σ_0 文が，$\overline{m} \cdot \overline{n} = \overline{k}$ の形式の場合，同様にして $\mathscr{S}$ で反証可能である.

(2) 次に，条件 C_2 が条件 D_3 から導かれることを示す. 条件 D_3 を仮定する. このとき，w のみが自由出現する Σ_0 論理式を $F(w)$ とおき，すべての文 $F(\overline{0})$，$\cdots$，$F(\overline{n})$ を $\mathscr{S}$ で証明可能にする数を n とおく. そこで，開いた論理式：

$$w = \overline{0} \supset F(w), \, \cdots, \, w = \overline{n} \supset F(w)$$

は，$(F(\overline{0}), \cdots, F(\overline{n})$ の論理的帰結として）すべて $\mathscr{S}$ で証明可能である．よって，命題論理により，

$$w = \overline{0} \vee \cdots \vee w = \overline{n} \supset F(w)$$

は $\mathscr{S}$ で証明可能であり，したがって，（命題論理により）論理式 $w \leq \overline{n} \supset F(w)$ は $\mathscr{S}$ で証明可能である．ここで，一般化により，文 $\forall w(w \leq \overline{n} \supset F(w))$ は $\mathscr{S}$ で証明可能であり，この文が $(\forall w \leq \overline{n})F(w)$ にほかならない．

§4. ペアノ算術における Σ_0 完全な部分系

体系 $\mathscr{P.A.}$ の公理スキーマから N_{12} を除いた体系は，体系 $(\mathscr{Q})$ と呼ばれる．よって，$(\mathscr{Q})$ は有限個の算術的公理スキーマによって構成される．これらは，次の 9 個の公理スキーマである．

$N_1 : v_1{}' = v_2{}' \supset v_1 = v_2.$

$N_2 : \sim v_1{}' = 0.$

$N_3 : v_1 + \overline{0} = v_1.$

$N_4 : v_1 + v_2{}' = (v_1 + v_2)'.$

$N_5 : v_1 \cdot \overline{0} = \overline{0}.$

$N_6 : v_1 \cdot v_2{}' = (v_1 \cdot v_2) + v_1.$

$N_7 : v_1 \leq \overline{0} \equiv v_1 = \overline{0}.$

$N_8 : v_1 \leq v_2{}' \equiv (v_1 \leq v_2 \vee v_1 = v_2{}').$

$N_9 : v_1 \leq v_2 \vee v_2 \leq v_1.$

体系 $(\mathscr{Q})$ は，メタ数学の重要な研究対象であり，Robinson［1950］に基づいている．この節では，すべての真である Σ_0 文が，体系 $\mathscr{P.A.}$ ばかりでなく，体系 $(\mathscr{Q})$ でも証明可能であることを示す．実際には，公理スキーマ N_9 は，この結果を証明するために必要ではないため，この公理スキーマを $(\mathscr{Q})$ から除いた体系を $(\mathscr{Q}_0)$ とおく．つまり，$(\mathscr{Q}_0)$ の算術的公理スキーマは，8 個の公理スキーマ N_1—N_8 であり，体系 $(\mathscr{Q}_0)$ が Σ_0 完全であることを示す．

より強い結果を表すのが，過去 30 年ほどにわたって重要な役割を果たしてきた体系 $(\mathscr{R})$ である．［この体系も，ロビンソンが構成した.］この体系は，次の 5 個

の公理スキーマに凝縮される無限個の算術的公理を持つ.

Ω_1：$m + n = k$ であるとき，すべての文 $\overline{m} + \overline{n} = \overline{k}$.

Ω_2：$m \times n = k$ であるとき，すべての文 $\overline{m} \cdot \overline{n} = \overline{k}$.

Ω_3：m と n が異なる数であるとき，すべての文 $\overline{m} \neq \overline{n}$.

Ω_4：すべての論理式 $v_1 \leq \overline{n} \equiv (v_1 = \overline{0} \vee \cdots \vee v_1 = \overline{n})$.

Ω_5：すべての論理式 $v_1 \leq \overline{n} \vee \overline{n} \leq v_1$.

体系 $(\mathscr{R})$ から公理スキーマ Ω_5 を除いた体系は，$(\mathscr{R}_0)$ と呼ばれる．以下では，まず体系 $(\mathscr{R}_0)$ が Σ_0 完全であること（命題 2 からほとんど直接的に導ける）を示し，次に $(\mathscr{R}_0)$ が $(\mathscr{Q}_0)$ の部分系であること（および $(\mathscr{R})$ が $(\mathscr{Q})$ の部分系であること）を示そう.

命題 3 体系 $(\mathscr{R}_0)$ は Σ_0 完全である.

［証明］ 任意の数 n に対して，文 $\overline{n} = \overline{n}$ は（等号を含む）1 階述語論理の定理である．よって，$(\mathscr{R}_0)$ で証明可能である．次に，$m \leq n$ と仮定する．$\overline{m} = \overline{m}$ が証明可能であることから，

$$\overline{m} = \overline{0} \vee \cdots \vee \overline{m} = \overline{m} \vee \cdots \vee \overline{m} = \overline{n}$$

も証明可能である．公理スキーマ Ω_4 により，文 $\overline{m} \leq \overline{n}$ は証明可能であり，$\overline{m} \leq \overline{n}$ という形式のすべての真である Σ_0 文は，$(\mathscr{R}_0)$ で証明可能である．そこで，公理スキーマ Ω_1 と Ω_2 により，すべての真である原子 Σ_0 文は，$(\mathscr{R}_0)$ で証明可能である．よって，命題 2 の条件 D_1 は体系 $(\mathscr{R}_0)$ でみたされる．条件 D_2 は，公理スキーマ Ω_3 によってみたされる．残るのは，条件 D_3 の検証である．すべての n に対して，

$$v_1 \leq \overline{n} \supset (v_1 = \overline{0} \vee \cdots \vee v_1 = \overline{n})$$

は $(\mathscr{R}_0)$ で証明可能であり（公理スキーマ Ω_4 による），よって，

$$\forall v_1 (v_1 \leq \overline{n} \supset (v_1 = \overline{0} \vee \cdots \vee v_1 = \overline{n}))$$

も $(\mathscr{R}_0)$ で証明可能である．したがって，任意の変数 w に対して，

$$w \leq \overline{n} \supset (w = \overline{0} \vee \cdots \vee w = \overline{n})$$

84　　　　第 V 章　ω 無矛盾性に基づくゲーデルの証明

は ($\mathscr{R}_0$) で証明可能である．そこで，命題 2 より，体系 ($\mathscr{R}_0$) は Σ_0 完全である．

命題 4　体系 ($\mathscr{R}_0$) は，体系 ($\mathscr{Q}_0$) の部分系である．

[証明]　数学的帰納法の公理スキーマ N_{12} は，体系 ($\mathscr{Q}_0$) の公理スキーマでは**ない**が，($\mathscr{Q}_0$) についてのさまざまなことがらを証明するメタ言語上で数学的帰納法を用いることには，まったく問題がない．以下の議論においては，すべて通常の用法で帰納法を用いている．「証明可能」と「反証可能」は，そのまま「($\mathscr{Q}_0$) で証明可能」と「($\mathscr{Q}_0$) で反証可能」を意味する．

(1)　公理スキーマ N_4 より，$\overline{n} + \overline{m} = \overline{q}$ が証明可能であれば，

$$n + \overline{m+1} = \overline{q+1}$$

も証明可能である．また，（公理スキーマ N_3 より）$\overline{n} + \overline{0} = \overline{n}$ も証明可能であり，

$$\overline{n} + \overline{1} = \overline{n+1}, \ \overline{n} + \overline{2} = \overline{n+2}, \ \cdots, \ \overline{n} + \overline{m} = \overline{n+m}$$

を連続して証明することができる．[ここで数学的帰納法を非形式的に用いている．] ゆえに，Ω_1 のすべての文は，($\mathscr{Q}_0$) で証明可能である．

(2)　公理スキーマ N_6 により，$\overline{n} \cdot \overline{m} = \overline{q}$ が証明可能であれば，

$$\overline{n} \cdot \overline{m+1} = \overline{q} + \overline{n}$$

も証明可能である．よって，（$\overline{q} + \overline{n} = \overline{q+n}$ が証明可能であることから）$\overline{n} \cdot \overline{m+1} = \overline{q+n}$ も証明可能である．したがって，$\overline{n} \cdot \overline{m} = \overline{n \times m}$ が証明可能であれば，$\overline{n} \cdot \overline{m+1} = \overline{n \times (m+1)}$ も証明可能である．また，（公理スキーマ N_5 より）$\overline{n} \cdot \overline{0} = \overline{0}$ も証明可能であり，

$$\overline{n} \cdot \overline{1} = \overline{n \times 1}, \ \overline{n} \cdot \overline{2} = \overline{n \times 2}, \ \cdots, \ \overline{n} \cdot \overline{m} = \overline{n \times m}$$

を連続して証明することができる．ゆえに，Ω_2 のすべての文は，($\mathscr{Q}_0$) で証明可能である．

(3)　公理スキーマ Ω_3 については，任意の数 m と任意の**正**の数 n に対して，文 $\overline{m} \neq \overline{n+m}$ が（よって，文 $\overline{n+m} \neq \overline{m}$ も）証明可能であることを示さなければならない．まず，任意の数 m と n に対して，

$$\overline{m+1} = \overline{n+1} \supset \overline{m} = \overline{n}$$

は（公理スキーマ N_1 より）証明可能である．よって，

$$\overline{m} \neq \overline{n} \supset \overline{m+1} \neq \overline{n+1}$$

は証明可能である．したがって，$\overline{m} \neq \overline{n}$ が証明可能であれば，

$$\overline{m+1} \neq \overline{n+1}$$

も証明可能である．ここで，任意の正の数 n に対して，（公理スキーマ N_2 より）文 $\overline{0} \neq \overline{n}$ も証明可能であり，

$$\overline{1} \neq \overline{n+1}, \ \overline{2} \neq \overline{n+2}, \ \cdots, \ \overline{m} \neq \overline{n+m}$$

を連続して証明することができる．ゆえに，Ω_3 のすべての文は，$(\mathscr{Q}_0)$ で証明可能である．

(4) 公理スキーマ Ω_4 については，

$$v_1 \leq \overline{n} \equiv (v_1 = \overline{0} \lor \cdots \lor v_1 = \overline{n})$$

が証明可能であることを n に関する帰納法で示す．まず，（公理スキーマ N_7 より）$v_1 \leq \overline{0} \equiv v_1 = \overline{0}$ は証明可能である．次に，n に対して，

$$v_1 \leq \overline{n} \equiv (v_1 = \overline{0} \lor \cdots \lor v_1 = \overline{n})$$

が証明可能であると仮定する．ここで，

$$v_1 \leq \overline{n+1} \equiv (v_1 \leq \overline{n} \lor v_1 = \overline{n+1})$$

は（公理スキーマ N_8 より）証明可能であり，よって，命題論理により，

$$v_1 \leq \overline{n+1} \equiv (v_1 \leq \overline{0} \lor \cdots \lor v_1 = \overline{n} \lor v_1 = \overline{n+1})$$

は証明可能である．ゆえに，公理スキーマ Ω_4 のすべての文は，$(\mathscr{Q}_0)$ で証明可能である．

命題 5　体系 $(\mathscr{R})$ は，体系 $(\mathscr{Q})$ の部分系である．

[証明]　体系 $(\mathscr{R}_0)$ は，体系 $(\mathscr{Q}_0)$ の部分系であることから，もちろん，体系 $(\mathscr{Q})$ の部分系でもある．また，公理スキーマ Ω_5 のすべての文は，$(\mathscr{Q})$ で証明可能である．[公理スキーマ N9 の v_2 に $\overline{n}$ を代入すればよい.] よって，体系 $(\mathscr{R})$ は，体系 $(\mathscr{Q})$ の部分系である．

以上から，体系 $(\mathscr{R}_0)$ が Σ_0 完全であり，体系 $(\mathscr{Q}_0)$ の部分系であることが証明された．ここで，体系 $(\mathscr{Q}_0)$ は体系 $(\mathscr{Q})$ の部分系であり，体系 $(\mathscr{Q})$ は体系 $\mathscr{P}\!.\mathscr{A}\!.$ の部分系であり，体系 $(\mathscr{R}_0)$ は体系 $(\mathscr{R})$ の部分系でもあることから，定理 B を強化した次の定理 B^+ が証明されたことになる．

定理 B^+　体系 $(\mathscr{R}_0)$, $(\mathscr{R})$, $(\mathscr{Q}_0)$, $(\mathscr{Q})$, $\mathscr{P}\!.\mathscr{A}\!.$ は，すべて Σ_0 完全である．

問題 8　公理スキーマ $\Omega_4{}'$ を，

$$v_1 \le \overline{n} \supset (v_1 = \overline{0} \vee \cdots \vee v_1 = \overline{n})$$

とおき，体系 $(\mathscr{R})$ の公理スキーマ Ω_4 を弱い公理スキーマ $\Omega_4{}'$ と代えた体系を $(\mathscr{R}')$ とおく．体系 $(\mathscr{R})$ で証明可能なすべての文は，体系 $(\mathscr{R}')$ でも証明可能であることを証明せよ．

§5. 体系 $\mathscr{P}\!.\mathscr{A}\!.$ における不完全性

定理 A と定理 B を証明したことによって，体系 $\mathscr{P}\!.\mathscr{A}\!.$ におけるゲーデルの不完全性定理（定理 G）の証明は完了した．ここで，もう一度その証明を振り返り，いくつかの関連した話題にふれておこう．

まず，すべての真である Σ_0 文が体系 $\mathscr{P}\!.\mathscr{A}\!.$ で証明可能であり，よって，すべての Σ_1 集合が $\mathscr{P}\!.\mathscr{A}\!.$ で枚挙可能である（実際には，Σ_0 論理式 $F(v_1, v_2)$ によって枚挙される）ことを示した．体系 $\mathscr{P}\!.\mathscr{A}\!.$ は，公理化可能である．そこで，集合 P は Σ_1 であり，集合 P^* もまた Σ_1 集合である．したがって，$\mathscr{P}\!.\mathscr{A}\!.$ において P^* を枚挙する Σ_0 論理式 $A(v_1, v_2)$ が存在する．ここで，ω 無矛盾性補助定理により，$\mathscr{P}\!.\mathscr{A}\!.$ が ω 無矛盾であれば，論理式 $\forall v_2 {\sim} A(v_1, v_2)$ の否定は，$\mathscr{P}\!.\mathscr{A}\!.$ で P^* を**表現**する．この論理式のゲーデル数を a とおき，文 $\forall v_2 {\sim} A(\overline{a}, v_2)$ を G とおく．このとき，（$\mathscr{P}\!.\mathscr{A}\!.$ の ω 無矛盾性を仮定すると，）定理 1 により，文 G は $\mathscr{P}\!.\mathscr{A}\!.$ で証明可

II. Σ_0 完 全 性 　　　　87

能でも反証可能でもない. その上, 定理 3 により, 文 G の $\mathscr{P}.\mathscr{A}.$ における証明不可能性を示すためには, **単純無矛盾性**のみが要求される. つまり, $\mathscr{P}.\mathscr{A}.$ が単純無矛盾であれば, 文 G は $\mathscr{P}.\mathscr{A}.$ で証明可能ではない. 体系 $\mathscr{P}.\mathscr{A}.$ が ω 無矛盾であれば (${\mathscr{P}.\mathscr{A}.}$ が正確である以上, 当然のことだが), 文 $\sim G$ もまた $\mathscr{P}.\mathscr{A}.$ で証明可能ではない.

さて, 文 G は, 順序対 $(G, \sim G)$ の**真である**文を指す. このことは, 次の命題の帰結である.

命題 6 任意の単純無矛盾な体系 $\mathscr{S}$ において, すべての真である Σ_0 文が $\mathscr{S}$ で証明可能であれば, $\mathscr{S}$ で証明可能なすべての Σ_0 文は真である. 特に, 体系 $\mathscr{P}.\mathscr{A}.$ が単純無矛盾であれば, すべての $\mathscr{P}.\mathscr{A}.$ で証明可能な Σ_0 文は真である.

[証明] すべての真である Σ_0 文が $\mathscr{S}$ で証明可能であるとする. ここで, $\mathscr{S}$ で証明可能な偽である Σ_0 文 X が存在すると仮定する. このとき, $\sim X$ は真である Σ_0 文となり, (仮定により) $\mathscr{S}$ で証明可能となる. よって, X と $\sim X$ がともに $\mathscr{S}$ で証明可能であることになり, $\mathscr{S}$ は矛盾する. したがって, $\mathscr{S}$ が無矛盾であれば, $\mathscr{S}$ で証明可能なすべての Σ_0 文は真である.

命題 7 任意の体系 $\mathscr{S}$ において, すべての真である Σ_0 文が $\mathscr{S}$ で証明可能であり, $\mathscr{S}$ は集合 P^* を枚挙する Σ_0 論理式 $A(v_1, v_2)$ を含むものとする. 論理式 $\forall v_2 \sim A(v_1, v_2)$ のゲーデル数を a とおき, 文 $\forall v_2 \sim A(\bar{a}, v_2)$ を G とおく. そこで, $\mathscr{S}$ が単純無矛盾であれば, G は真である.

[証明] 定理 3 により, 文 G は, $\mathscr{S}$ で証明可能でない. よって, a は, (補助定理 1 により) 集合 P^* の要素ではない. そこで, $A(v_1, v_2)$ が $\mathscr{S}$ において P^* を枚挙すると同時に $a \notin P^*$ であることから, すべての数 n に対して, 文 $A(\bar{a}, \bar{n})$ は反証可能である. つまり, $\sim A(\bar{a}, \bar{n})$ は, 証明可能である. したがって, 命題 6 により, すべての数 n に対して, 文 $\sim A(\bar{a}, \bar{n})$ は真である. ゆえに, 全称文 $\forall v_2 \sim A(\bar{a}, v_2)$ は真であり, これが文 G となる.

系 体系 $\mathscr{P}.\mathscr{A}.$ が単純無矛盾であれば, ゲーデル文 G は真である.

88 第 V 章　ω 無矛盾性に基づくゲーデルの証明

以上から，（$\mathscr{P.A.}$ が正確かつ無矛盾であることを知ることによって）ペアノ算術におけるゲーデル文 G が真であることを知ることができた．この節では，文 G の真理性を非形式的に「論証」したわけだが，この論証を $\mathscr{P.A.}$ で形式化することはできない（第 IX 章のゲーデルの第 2 不完全性定理に関する解説を参照）．

問題 9　体系 $\mathscr{P.A.}$ の無矛盾性を仮定して，文 $\sim G$ を $\mathscr{P.A.}$ に加えた体系を $\mathscr{P.A.} + \{\sim G\}$ とおく．この体系は，無矛盾だが，ω 無矛盾ではないことを証明せよ．［これが，単純無矛盾であるにもかかわらず，ω 矛盾となる体系の一例である．］

§6. 体系 $\mathscr{P.A.}$ の ω 不完全性定理

本書で最初に行ったペアノ算術における不完全性定理の（タルスキーの真理集合に基づく）証明は，ω 無矛盾性に基づくこの章の証明に比べて，明らかにずっと簡潔であった．しかし，この章の証明は，（ゲーデルの第 2 不完全性定理に必要となる $\mathscr{P.A.}$ における形式化可能性に加えて）不完全性定理以上に驚くべき算術の特性を顕在化させているのである！

数理論理学の専門家でない一般的な数学者は，その証明を読んだ人は稀だとしても，ゲーデルの不完全性定理の「結果」については，少なくとも聞いたことがあるだろう．しかし，一般的な数学者でさえ聞いたこともないと思われる驚異的な事実は，すべての文 $F(\bar{0})$，$F(\bar{1})$，$\cdots$，$F(\bar{n})$，$\cdots$ が体系 $\mathscr{P.A.}$ で証明可能であるにもかかわらず，全称文 $\forall w F(w)$ が $\mathscr{P.A.}$ で証明可能でないような，1 個の自由変数 w を含む論理式 $F(w)$ の存在である．この帰結は，タルスキーによって**ω 不完全性**と呼ばれている．

この帰結を証明するためには，（単純無矛盾性を仮定すると）ゲーデル文 $\forall v_2 \sim A(\bar{a}, v_2)$ が体系 $\mathscr{P.A.}$ で証明可能ではないことを思い起こせばよい．よって，$a \notin P^*$ であり，すべての文 $\sim A(\bar{a}, \bar{0})$，$\sim A(\bar{a}, \bar{1})$，$\cdots$，$\sim A(\bar{a}, \bar{n})$，$\cdots$ は $\mathscr{P.A.}$ で証明可能であるにもかかわらず，全称命題 $\forall v_2 \sim A(\bar{a}, v_2)$ は $\mathscr{P.A.}$ で証明可能でない！

もちろん，この論証は，すべての真である Σ_0 文が証明可能なすべての単純無矛盾な体系に適用できる．これが，次の定理である．

定理 C　［ω 不完全性定理］　すべての真である Σ_0 文が証明可能であるような，

II. Σ_0 完 全 性　89

任意の単純無矛盾な公理化可能体系を $\mathscr{S}$ とする．体系 $\mathscr{S}$ は，ω 不完全である．

問題 10　任意の文 X とそのゲーデル数 x に対して，$P(\overline{X})$ を $P(\overline{x})$ と定義する．
　　体系 $\mathscr{P.A.}$ の正確性（ω 無矛盾性だけでもよい）の仮定により，Σ_1 論理式
は，$\mathscr{P.A.}$ で証明可能な論理式のゲーデル数の集合 P を言及する．よって，
任意の文 X に対して，X が $\mathscr{P.A.}$ で証明可能であるとき，そしてそのときに
限って，$P(\overline{X})$ は真である．一方，任意の Σ_0 文 X に対して，X が真であれ
ば，X は証明可能であることから，文 $X \supset P(\overline{X})$ は真である．このとき，す
べての Σ_0 文 X に対して，文 $X \supset P(\overline{X})$ は $\mathscr{P.A.}$ で証明可能であることを証
明せよ．

問題 11　すべての真である Σ_1 文は，体系 $\mathscr{P.A.}$ で証明可能であることを証明
せよ．［このことから，すべての Σ_1 文 X に対して，文 $X \supset P(\overline{X})$ は真であ
る．］その上，すべての Σ_1 文 X に対して，文 $X \supset P(\overline{X})$ は $\mathscr{P.A.}$ で証明可
能でもあるのだが，この証明は難解であり，本書ではカバーすることができな
い．［興味のある読者は，Boolos［1979］の第 2 章を参照．］

問題 12　（$\mathscr{P.A.}$ の正確性を仮定して）すべての文 X に対して，文 $X \supset$
$P(\overline{X})$ が必ずしも体系 $\mathscr{P.A.}$ で証明可能ではないことを証明せよ．

第 VI 章

ロッサー体系

本書の体系 $\mathscr{P}.\mathscr{A}.$ における不完全性定理の最初の証明は，$\mathscr{P}.\mathscr{A}.$ が正確である という仮定に基づいていた．次に，前の章で行なったゲーデルの証明は，体系 $\mathscr{P}.\mathscr{A}.$ が ω 無矛盾であるという，よりメタ数学的に弱い仮定に基づいていた．さ て，ゲーデルに続いて Rosser［1936］が示したのは，$\mathscr{P}.\mathscr{A}.$ が単純無矛盾である という，もっとメタ数学的に弱い仮定に基づく $\mathscr{P}.\mathscr{A}.$ の不完全性定理であった！ ただし，ロッサーは，弱い単純無矛盾性の仮定に基づいて前の章のゲーデル文 G が決定不可能であることを示したわけではない．彼は，単純無矛盾性に基づく別な （より巧妙な）決定不可能な文を構成したのである．

体系 $\mathscr{P}.\mathscr{A}.$ の不完全性定理の最初の証明は，集合 $\widetilde{P}^*$（または R^*）を**言及する** 論理式の発見に鍵があった．前の章のゲーデルの証明は，体系 $\mathscr{P}.\mathscr{A}.$ の集合 P^* と R^* を**表現する**論理式の構成が鍵となり，ゲーデルの時代に知られていた構成方 法としては，ω 無矛盾性の仮定が必要だったわけである．［この仮定は，集合 P^* と R^* の $\mathscr{P}.\mathscr{A}.$ における**枚挙可能性**を示すために必要なのではない．むしろ，こ れらの集合の枚挙可能性から表現可能性へ移行する段階で，ω 無矛盾性が必要とな るのである．］ロッサーは，集合 P^* と R^* の表現可能性ではなく，P^* と互いに素 で R^* を含む集合の表現可能性によって（この方法には，より弱い単純無矛盾性し か仮定する必要がない）不完全性定理を導いたのである．

体系 $(\mathscr{R})$ の公理スキーマ Ω_4 と Ω_5 が，本章と次章の中心的な役割を担ってい

る．ここで，公理スキーマ Ω_4 と Ω_5 のすべての論理式が $\mathscr{S}$ で証明可能であれば，$\mathscr{S}$ を $\Omega_4 \cdot \Omega_5$ 拡張と呼ぶことにする．目標とするのは，次の定理と系である．

定理 R すべての Σ_1 集合が枚挙可能であるような，すべての単純無矛盾で公理化可能な $\Omega_4 \cdot \Omega_5$ 拡張は，不完全である．

系 1 すべての Σ_0 集合が証明可能であるような，すべての単純無矛盾で公理化可能な $\Omega_4 \cdot \Omega_5$ 拡張は，不完全である．

系 2 すべての単純無矛盾で公理化可能な $(\mathscr{R})$ 拡張は，不完全である．

系 3 体系 $\mathscr{P}.\mathscr{A}.$ が単純無矛盾であれば，不完全である．

［参考］ 定理 R は，ω 無矛盾性が単純無矛盾性の仮定に弱められた意味で，第 V 章の定理 A と異なっている．しかし，それを埋め合わせる上で，$\mathscr{S}$ を $\Omega_4 \cdot \Omega_5$ 拡張とする仮定が要求される．これらの 2 つの定理によって，より強固な結果が得られる．系 1 と第 V 章の定理 A との関係も，同様である．系 2 は，Shoenfield ［1967］では，ゲーデル・ロッサーの**不完全性定理**と呼ばれている．

§1. ロッサーの不完全性定理の抽象形式

第 V 章の定理 $1°$ では，体系 $\mathscr{S}$ が無矛盾であり，集合 R^* が $\mathscr{S}$ で表現可能であれば，$\mathscr{S}$ が不完全であることを証明した．ここでは，より強い次の帰結を証明する．

定理 1 集合 P^* と互いに素で R^* を含む集合が体系 $\mathscr{S}$ で表現可能であれば，$\mathscr{S}$ は不完全である．特に，P^* と互いに素で R^* を含む集合を表現する論理式を $H(v_1)$ とおき，$H(v_1)$ のゲーデル数を h とおくと，文 $H(\overline{h})$ は $\mathscr{S}$ で決定不可能である．

［証明］ 論理式 $H(v_1)$ に表現される集合を A とおく．このとき，$R^* \subseteq A$ であり，P^* は A と互いに素であると仮定する．

§1. ロッサーの不完全性定理の抽象形式 93

論理式 $H(v_1)$ が集合 A を表現することから，$H(\overline{h})$ が $\mathscr{S}$ で証明可能であるとき，そしてそのときに限って，$h \in A$ である（任意の数 n に対して，$H(\overline{n})$ が $\mathscr{S}$ で証明可能であるとき，そしてそのときに限って，$n \in A$ だから）．また，$H(\overline{h})$ が $\mathscr{S}$ で証明可能であるとき，そしてそのときに限って，$h \in P^*$ である（第 V 章の補助定理 1 による）．したがって，$h \in P^* \Leftrightarrow h \in A$ である．しかし，集合 P^* は集合 A と互いに素であり（仮定より），よって，$h \notin P^*$ かつ $h \notin A$ である．ここで，$h \notin P^*$ により，$H(\overline{h})$ は $\mathscr{S}$ で証明可能ではない．また，$h \notin A$ により，$h \notin R^*$ であり（$R^* \subseteq A$ による），$H(\overline{h})$ は $\mathscr{S}$ で反証可能でもない．したがって，$H(\overline{h})$ は $\mathscr{S}$ で決定不可能である．［この結果は，第 I 章の問題 3 の特別な場合である．］

［注意］ 定理 1 において，体系 $\mathscr{S}$ の無矛盾性の仮定を加える必要はない．なぜなら，仮定は集合 P^* が集合 R^* と互いに素であることを含意し，よって，$\mathscr{S}$ は無矛盾でなければならないからである．［体系 $\mathscr{S}$ が矛盾であれば，すべての論理式は証明可能であり，h は P^* にも R^* にも存在する．］

定理 1 は，第 V 章の定理 1° よりも明らかに強い帰結である．なぜなら，体系 $\mathscr{S}$ が無矛盾であり，論理式 $H(v_1)$ が $\mathscr{S}$ で集合 R^* を表現するならば，$H(v_1)$ は確実に集合 P^* と互いに素で R^* を含む集合，すなわち，集合 R^* 自体を表現するからである．

問題 1 集合 P^* と互いに素で R^* を含む集合の少なくとも 1 つが $\mathscr{S}$ で表現可能であれば，$\mathscr{S}$ は不完全であることを証明せよ．

$\mathscr{S}$ の分離可能性 すべての数 $n \in A$ に対して，$F(\overline{n})$ が $\mathscr{S}$ で証明可能であり，すべての数 $n \in B$ に対して，$F(\overline{n})$ が $\mathscr{S}$ で反証可能であるとき，論理式 $F(v_1)$ は，$\mathscr{S}$ で集合 A を集合 B から**分離する**という．

補助定理 1 体系 $\mathscr{S}$ が無矛盾であり，論理式 $F(v_1)$ が $\mathscr{S}$ で集合 A を集合 B から分離するとき，$F(v_1)$ は B と互いに素で A を含む集合を表現する．

［証明］ 体系 $\mathscr{S}$ で $F(v_1)$ に表現される集合を A' とおく，すべての $n \in A$ に対して，文 $F(n)$ が証明可能であることから，$A \subseteq A'$ である．もし数 n が A' と B

の両方に属するならば，$F(n)$ は $\mathscr{S}$ で証明可能である（なぜなら，$F(v_1)$ が A' を表現するから）と同時に，$\mathscr{S}$ で反証可能となる．したがって，$\mathscr{S}$ が無矛盾であれば，集合 A' は集合 B と互いに素でなければならない．

定理 1 と補助定理 1 より，次の定理が証明された．

定理 2　体系 $\mathscr{S}$ が無矛盾であり，論理式 $H(v_1)$ が $\mathscr{S}$ で集合 R^* を集合 P^* から分離し，$H(v_1)$ のゲーデル数を h とすると，$H(h)$ は $\mathscr{S}$ で決定不可能である．

問題 2　体系 $\mathscr{S}$ が無矛盾であり，$\mathscr{S}$ で少なくとも 1 個の論理式が集合 P^* を集合 R^* から分離するならば，$\mathscr{S}$ は不完全であることを証明せよ．

§2. 一般分離定理

体系 $\mathscr{S}$ で集合 A を集合 B から分離する論理式 $F(v_1)$ が存在するとき，A は $\mathscr{S}$ で B から**分離可能**という．定理 2 に基づけば，体系 $\mathscr{P}.\mathscr{A}.$ の無矛盾性を仮定して $\mathscr{P}.\mathscr{A}.$ の不完全性を証明するためには，集合 R^* が $\mathscr{P}.\mathscr{A}.$ で集合 P^* から分離可能であることを示せばよい．事実，ロッサーは，この方法を用いたのである．Smullyan［1961］で示したように，$\mathscr{P}.\mathscr{A}.$ で R^* を P^* から分離するロッサーの方法は，$\mathscr{P}.\mathscr{A}.$ の任意の互いに素な 2 つの Σ_1 集合の分離に一般化することができる．この一般化は，$\mathscr{P}.\mathscr{A}.$ ばかりでなく，すべての真である Σ_0 文が証明可能であり，公理スキーマ Ω_4 および Ω_5 のすべての論理式が証明可能であるような任意の体系 $\mathscr{S}$ に適用できる．［特に，$\mathscr{S}$ は，体系 $(\mathscr{Q})$ や体系 $(\mathscr{R})$ でさえ適用できる．］より一般的に，すべての数 $k_1, \cdots, k_n$ に対して，$R_1(k_1, \cdots, k_n)$ が成立するならば $F(\overline{k}_1, \cdots, \overline{k}_n)$ が $\mathscr{S}$ で証明可能であり，$R_2(k_1, \cdots, k_n)$ が成立するならば $F(\overline{k}_1, \cdots, \overline{k}_n)$ が $\mathscr{S}$ で反証可能であるとき，論理式 $F(v_1, \cdots, v_n)$ は関係 $R_1(x_1, \cdots, x_n)$ を関係 $R_2(x_1, \cdots, x_n)$ から**分離する**という．

任意の Σ_1 集合 A と B に対して，体系 $\mathscr{S}$ で集合 $A - B$ を集合 $B - A$ から分離可能であるとき，$\mathscr{S}$ を**集合ロッサー体系**と呼ぶ．［このことは，もちろん，体系 $\mathscr{S}$ の任意の**互いに素**な Σ_1 集合 A と B に対して，$\mathscr{S}$ で A を B から分離可能であることを含意する．］一般に，$n > 1$ において，$\mathscr{S}$ の任意の 2 つの Σ_1 関係：

§2. 一般分離定理 95

$$R_1(x_1, \cdots, x_n) \ \text{と} \ R_2(x_1, \cdots, x_n)$$

に対して, $\mathscr{S}$ で $R_1 - R_2$ (つまり, 関係 $R_1(x_1, \cdots, x_n) \wedge \widetilde{R_2}(x_1, \cdots, x_n)$) を $R_2 - R_1$ から分離可能であるとき, $\mathscr{S}$ を **n 項関係ロッサー体系**と呼ぶ. 体系 $\mathscr{S}$ が, 集合ロッサー体系であると同時に, n 項関係ロッサー体系であるとき, $\mathscr{S}$ を **ロッサー体系**と呼ぶ. 以下, すべての真である Σ_0 文が $\mathscr{S}$ で証明可能であり, 公理スキーマ Ω_4 および Ω_5 のすべての論理式が $\mathscr{S}$ で証明可能であれば, $\mathscr{S}$ はロッサー体系であることを証明する. より一般的には, 公理スキーマ Ω_4 および Ω_5 のすべての論理式が $\mathscr{S}$ で証明可能であれば, 任意の $\mathscr{S}$ で枚挙可能な 2 つの関係:

$$R_1(x_1, \cdots, x_n) \ \text{と} \ R_2(x_1, \cdots, x_n)$$

に対して, 差 $R_1 - R_2$ と差 $R_2 - R_1$ は $\mathscr{S}$ で分離可能であることを証明する. その前に, 読者には次の 2 つの問題を解いてほしい.

問題 3 自由変数 y のみを含む論理式を $F_1(y)$ と $F_2(y)$ とおき, 任意の数を n とおく.
(1) 文 $F_2(\overline{n})$ は真であり, すべての数 $m \le n$ に対して, 文 $F_1(\overline{m})$ を偽と仮定する. このとき,

$$\forall y(F_2(y) \supset (\exists z \le y)F_1(z))$$

は真か偽かを定めよ.
(2) 文 $F_1(\overline{n})$ は真であり, すべての数 $m \le n$ に対して, 文 $F_2(\overline{m})$ を偽と仮定する. このとき,

$$\forall y(F_2(y) \supset (\exists z \le y)F_1(z))$$

は真か偽かを定めよ.

問題 4 公理スキーマ Ω_4 および Ω_5 のすべての論理式が $\mathscr{S}$ で証明可能であるとする. 再び, 自由変数 y のみを含む論理式を $F_1(y)$ と $F_2(y)$ とおき, 任意の数を n とおく.
(1) 文 $F_1(\overline{n})$ は $\mathscr{S}$ で証明可能であり, すべての数 $m \le n$ に対して, 文 $F_2(\overline{m})$ を $\mathscr{S}$ で反証可能と仮定する. このとき,

$$\forall y(F_2(y) \supset (\exists z \leq y)F_1(z))$$

が $\mathscr{S}$ で証明可能であることを証明せよ.

(2) 文 $F_2(\overline{n})$ は $\mathscr{S}$ で証明可能であり, すべての数 $m \leq n$ に対して, 文 $F_1(\overline{m})$ を $\mathscr{S}$ で反証可能と仮定する. このとき,

$$\forall y(F_2(y) \supset (\exists z \leq y)F_1(z))$$

が $\mathscr{S}$ で反証可能であることを証明せよ.

ω 無矛盾補助定理がゲーデルの証明に果たした役割を, 次の補助定理がロッサーの証明に対して果たしている. 他の帰結を導く点も同様である.

補助定理 S [**分離補助定理**]　公理スキーマ Ω_4 および Ω_5 のすべての論理式が体系 $\mathscr{S}$ で証明可能であれば, 任意の 2 つの関係:

$$R_1(x_1, \cdots, x_n) \text{ と } R_2(x_1, \cdots, x_n)$$

は $\mathscr{S}$ で枚挙可能であり, 差 $R_1 - R_2$ と差 $R_2 - R_1$ は $\mathscr{S}$ で分離可能である.

[証明]　公理スキーマ Ω_4 および Ω_5 のすべての論理式が $\mathscr{S}$ で証明可能であるとする. ここでは, 任意の $\mathscr{S}$ で枚挙可能な 2 つの集合 A と B に対して, $\mathscr{S}$ で集合 $B - A$ を集合 $A - B$ から分離可能であることを証明する. [$n > 1$ において, $\mathscr{S}$ が n 項関係ロッサー体系であるという証明は, この帰結から明白に導くことができる. 読者に試みてほしい.]

体系 $\mathscr{S}$ において集合 A と B を枚挙する論理式を, それぞれ $A(x, y), B(x, y)$ とおく. このとき,

$$\forall y(A(x, y) \supset (\exists z \leq y)B(x, z))$$

が, $B - A$ を $A - B$ から分離させることを証明する.

(1) $n \in B - A$ と仮定する. よって, $n \in B$ であり, 文 $B(\overline{n}, \overline{k})$ を $\mathscr{S}$ で証明可能にする数 k が存在する. また, $n \notin A$ であり, すべての数 $m \leq k$ に対して (事実, すべての数 m に対して), 文 $A(\overline{n}, \overline{m})$ は $\mathscr{S}$ で反証可能である. したがって, 公理スキーマ Ω_4 により,

$$(\forall y \leq \overline{k}) \sim A(\overline{n}, y)$$

は $\mathscr{S}$ で証明可能である．そこで，開いた論理式 $y \leq \overline{k} \supset \sim A(\overline{n}, y)$ は証明可能であり，よって，$A(\overline{n}, y) \supset \sim (y \leq \overline{k})$ も証明可能である．公理スキーマ Ω_5 により，$A(\overline{n}, y) \supset \overline{k} \leq y$ は証明可能となり，$B(\overline{n}, \overline{k})$ が証明可能であることから，

$$A(\overline{n}, y) \supset (\overline{k} \leq y \wedge B(\overline{n}, \overline{k}))$$

は $\mathscr{S}$ で証明可能となる．したがって，1 階述語論理により，

$$A(\overline{n}, y) \supset (\exists z \leq y) B(\overline{n}, z)$$

は $\mathscr{S}$ で証明可能となり，ゆえに，

$$\forall y (A(\overline{n}, y) \supset (\exists z \leq y) B(\overline{n}, z))$$

は $\mathscr{S}$ で証明可能である．

(2) $n \in A - B$ と仮定する．よって，文 $A(\overline{n}, \overline{k})$ を $\mathscr{S}$ で証明可能にする数 k が存在する．また，すべての数 $m \leq k$ に対して（事実，すべての数 m に対して），文 $B(\overline{n}, \overline{m})$ は $\mathscr{S}$ で反証可能である．したがって，公理スキーマ Ω_4 により，

$$(\forall z \leq k) \sim B(\overline{n}, z)$$

は $\mathscr{S}$ で証明可能である．そこで，

$$A(\overline{n}, \overline{k}) \wedge (\forall z \leq \overline{k}) \sim B(\overline{n}, z)$$

が $\mathscr{S}$ で証明可能であり，よって，

$$\sim (A(\overline{n}, \overline{k}) \supset \sim (\forall z \leq \overline{k}) \sim B(\overline{n}, z))$$

も $\mathscr{S}$ で証明可能であるが，この文は，

$$\sim (A(\overline{n}, \overline{k}) \supset (\exists z \leq \overline{k}) B(\overline{n}, z))$$

と同値である．したがって，$A(\overline{n}, \overline{k}) \supset (\exists z \leq \overline{k}) B(\overline{n}, z)$ は $\mathscr{S}$ で反証可能であり，$\forall y (A(\overline{n}, y) \supset (\exists z \leq y) B(\overline{n}, z))$ も $\mathscr{S}$ で反証可能である．

問題5 補助定理Sを問題4から導け.

問題6 公理スキーマ Ω_4 および Ω_5 のすべての論理式が $\mathscr{S}$ で証明可能であるとし, $\mathscr{S}$ において集合 A と B を枚挙する論理式を, それぞれ $A(x,y), B(x,y)$ とおく. このとき,

$$\exists y(A(x,y) \land (\forall z \leq y)\sim B(x,z))$$

は, $B-A$ を $A-B$ から分離させるだろうか? あるいは, $A-B$ を $B-A$ から分離させるだろうか?

公理スキーマ Ω_4 および Ω_5 のすべての論理式が $\mathscr{S}$ で証明可能であれば, 分離補助定理により, $\mathscr{S}$ の任意の互いに素な枚挙可能な集合 A と B に対して, $\mathscr{S}$ で B を A から分離可能である (なぜなら, $B-A=B$ および $A-B=A$ だから).

前の章で示したように, すべての真である Σ_0 文が $\mathscr{S}$ で証明可能であれば, すべての Σ_1 関係は $\mathscr{S}$ で枚挙可能である. この事実と補助定理Sを組み合わせると, 次の定理になる.

定理3 すべての Σ_0 文が証明可能であるような $\Omega_4 \cdot \Omega_5$ 拡張は, ロッサー体系である.

系 体系 $(\mathscr{R})$, $(\mathscr{Q})$, $\mathscr{P.A.}$ は, ロッサー体系である.

§3. ロッサーの決定不可能な文

補助定理Sと定理2より, 次の定理を導くことができる.

定理4 任意の単純無矛盾な体系 $\mathscr{S}$ において, 集合 P^* と R^* が枚挙可能であり, 公理スキーマ Ω_4 および Ω_5 のすべての論理式が $\mathscr{S}$ で証明可能であれば, $\mathscr{S}$ は不完全である.

[証明] 集合 P^* と R^* が $\mathscr{S}$ で枚挙可能であれば, $\mathscr{S}$ の単純無矛盾性により, 集合 P^* と R^* は互いに素である. よって, 補助定理Sにより, $\mathscr{S}$ で R^* を P^* から

§3. ロッサーの決定不可能な文　　　　99

分離できる. したがって, 定理 2 により, $\mathscr{S}$ は不完全である.

　より厳密には, $\mathscr{S}$ において P^* を枚挙する論理式を $A(x,y)$ とおき, $\mathscr{S}$ において R^* を枚挙する論理式を $B(x,y)$ とおく. そこで, 補助定理 S の証明で見たように,

$$\forall y(A(x,y) \supset (\exists z \le y)B(x,z))$$

は $\mathscr{S}$ で R^* を P^* から分離する. ここで, この論理式のゲーデル数を h とおくと, 定理 2 により,

$$\forall y(A(\overline{h},y) \supset (\exists z \le y)B(\overline{h},z))$$

は $\mathscr{S}$ で決定不可能である ($\mathscr{S}$ の単純無矛盾性に基づく).

　以上の結果から, 定理 R を簡単に導くことができる. まず, 体系 $\mathscr{S}$ は定理 R の仮定をみたすとする. 体系 $\mathscr{S}$ は公理化可能であるため (仮定より), 集合 P^* と R^* はともに Σ_1 集合である. よって, 集合 P^* と R^* はともに $\mathscr{S}$ で枚挙可能である. また, $\mathscr{S}$ は $\Omega_4 \cdot \Omega_5$ 拡張であり (仮定より), したがって, 定理 4 から定理 R を得る.

　より厳密には, $\mathscr{S}$ を $\Omega_4 \cdot \Omega_5$ 拡張と仮定し, $\mathscr{S}$ において P^* を枚挙する論理式を $A(x,y)$ とおき, $\mathscr{S}$ において R^* を枚挙する論理式を $B(x,y)$ とおく. そこで, 補助定理 S により,

$$\forall y(A(x,y) \supset (\exists z \le y)B(x,z))$$

は $\mathscr{S}$ で $R^* - P^*$ を $P^* - R^*$ から分離する. ここで, $\mathscr{S}$ の単純無矛盾性により, 集合 P^* と R^* は互いに素であり, この論理式は R^* を P^* から分離することになる. したがって, この論理式のゲーデル数を h とおくと, 定理 2 により,

$$\forall y(A(\overline{h},y) \supset (\exists z \le y)B(\overline{h},z))$$

は $\mathscr{S}$ で決定不可能である ($\mathscr{S}$ の単純無矛盾性に基づく).

　この論理式が, ロッサーの有名な決定不可能な文である. この文によって, ゲーデルの強い ω 無矛盾性を仮定することなく, 単純無矛盾性だけに基づいて, ペアノ算術の不完全性を証明することができるわけである.

§4. ゲーデル文とロッサー文の比較

この節では，体系 $\mathscr{P}.\mathscr{A}.$ を考察する．体系 $\mathscr{P}.\mathscr{A}.$ が公理化可能であることから，集合 P^* は Σ_1 集合であり，よって，P^* を定義域とする Σ_0 関係を言及する Σ_0 論理式 $A(x,y)$ が存在する．したがって，任意の数 n に対して，$n \in P^*$ であるとき，そしてそのときに限って，$A(\overline{n},\overline{m})$ が真である文となる数 m が存在する．また，$n \in P^*$ であるとき，そしてそのときに限って，$E_n(\overline{n})$ は $\mathscr{P}.\mathscr{A}.$ で証明可能である．ここで，$E_n(\overline{n})$ が証明可能であるとき，そしてそのときに限って，文 $A(\overline{n},\overline{m})$ が真であるとき，m を証拠と呼ぶことにしよう．そこで，$E_n(\overline{n})$ が証明可能であるとき，そしてそのときに限って，$E_n(\overline{n})$ が証明可能である証拠 m が存在する．同様に，R^* は Σ_1 集合であり，よって，R^* を定義域とする Σ_0 関係を言及する Σ_0 論理式 $B(x,y)$ が存在する．したがって，任意の n に対して，$E_n(\overline{n})$ が反証可能であるとき，そしてそのときに限って，$B(\overline{n},\overline{m})$ が真であるような数 m が存在する．この数 m を，$E_n(\overline{n})$ が反証可能である証拠と呼ぶことにする．

さて，論理式 $\forall y{\sim}A(x,y)$ のゲーデル数を a とおくと，ゲーデル文 $\forall y{\sim}A(\overline{a},y)$ は，「すべての数 y に対して，y は，$E_a(\overline{a})$ が証明可能である証拠ではない」という命題を言及する．しかし，文 $E_a(\overline{a})$ は，文 $\forall y{\sim}A(\overline{a},y)$ にほかならない．したがって，ゲーデル文は，「すべての y に対して，y は，この文が証明可能である証拠ではない」，あるいは「この文が証明可能である証拠はない」と解釈できる．もっと簡単に言えば，「この文は証明可能ではない」と解釈できるわけである．ω 無矛盾性の仮定に基づけば，この文は，$\mathscr{P}.\mathscr{A}.$ で決定不可能である．

論理式 $\exists y B(x,y)$ のゲーデル数を b とおくと，ゲーデル文の双対形式 $\exists y B(\overline{b},y)$ を得ることができる．この文は，「この文が反証可能である証拠がある」，あるいは「この文は反証可能である」と解釈できる．再び，ω 無矛盾性の仮定に基づけば，この文は，$\mathscr{P}.\mathscr{A}.$ で決定不可能である．

それでは，

$$\forall y(A(x,y) \supset (\exists z \leq y)B(x,z))$$

のゲーデル数を h とおいたロッサー文：

$$\forall y(A(\overline{h},y) \supset (\exists z \leq y)B(\overline{h},z))$$

について考えてみよう．この文は，「この文が証明可能であるという任意の証拠 y

に対して，この文が反証可能であるという証拠として，y 以下の数 z が存在する」
と解釈できる．

加えて，

$$\exists y(B(z, y) \land (\forall z \le y) \sim A(x, z))$$

も $\mathscr{P.A.}$ で R^* を P^* から分離する．［なぜか？］この論理式のゲーデル数を k と
おくと，

$$\exists y(B(\overline{k}, y) \land (\forall z \le y) \sim A(\overline{k}, z))$$

も $\mathscr{P.A.}$ 決定不可能である（$\mathscr{P.A.}$ の単純無矛盾性の仮定に基づく）．この文は，
「この文が反証可能であるという証拠が存在し，この文が証明可能であるという証
拠以下の数は存在しない」と解釈できる．

問題7 体系 $\mathscr{S}$ を $\Omega_4 \cdot \Omega_5$ 拡張とする．体系 $\mathscr{S}$ で枚挙可能な集合を A，$\mathscr{S}$ で枚
挙可能な関係を $R(x, y)$ とおく．このとき，関係：

$$x \in A \land \sim R(x, y)$$

を $\mathscr{S}$ で関係：

$$R(x, y) \land x \notin A$$

から分離できることを証明せよ．［この帰結は次章で必要になる．］

問題8 再び，公理スキーマ Ω_4 および Ω_5 のすべての論理式が $\mathscr{S}$ で証明可能で
あると仮定し，$\mathscr{S}$ の集合 A と B は $\mathscr{S}$ で枚挙可能であるとする．
　このとき，論理式 $\psi(x, y)$ が存在して，任意の数 n と m に対して次の2つ
の条件をみたすことを証明せよ．
(1) $n \in A$ かつ $m \notin B$ であれば，$\psi(\overline{n}, \overline{m})$ は証明可能．
(2) $m \in B$ かつ $n \notin A$ であれば，$\psi(\overline{n}, \overline{m})$ は反証可能．

問題9 次の命題 S′ は，補助定理 S を一般化し，問題7と問題8に直接的な解
答を与えるものでもある．
(a) 命題 S′ を証明せよ．

(b) 命題 S′ から補助定理 S と問題 7 と問題 8 を導け.

(c) 問題 4 から命題 S′ を導け.

命題 S′ 公理スキーマ Ω_4 および Ω_5 のすべての論理式を証明可能にする任意の体系を $\mathscr{S}$ とする. また, $\mathscr{S}$ で枚挙可能な関係を,

$$R_1(x_1, \cdots, x_k) \text{ と } R_2(x_1, \cdots, x_n)$$

とおく. そこで, 自由変数 $x_1, \cdots, x_k$ と $y_1, \cdots, y_n$ のみを含む論理式:

$$\psi(x_1, \cdots, x_k, y_1, \cdots, y_n)$$

が存在し, すべての数 $a_1, \cdots, a_k$ と $b_1, \cdots, b_n$ に対して, 次の2つの条件をみたす.

(1) $R_1(a_1, \cdots, a_k) \wedge \sim R_2(b_1, \cdots, b_n)$ であれば, $\psi(\bar{a}_1, \cdots, \bar{a}_k, \bar{b}_1, \cdots, \bar{b}_n)$ は $\mathscr{S}$ で証明可能である.

(2) $R_2(b_1, \cdots, b_n) \wedge \sim R_1(a_1, \cdots, a_k)$ であれば, $\psi(\bar{a}_1, \cdots, \bar{a}_k, \bar{b}_1, \cdots, \bar{b}_n)$ は $\mathscr{S}$ で反証可能である.

問題 10 任意の互いに素な Σ_1 集合 A と B に対して, A を B から分離可能とする体系を $\mathscr{S}$ とする. [この体系 $\mathscr{S}$ において, 必ずしも, 公理スキーマ Ω_4 および Ω_5 のすべての論理式が証明可能である必要はない.] ここで, A と B を互いに素でない Σ_1 集合とする. さて, 体系 $\mathscr{S}$ で, 差 $A-B$ を $B-A$ から必ず分離することができるだろうか?

§5. 分　離　性

問題 10 は, 次の純粋に集合論的な原理により解くことができる.

2つの Σ_1 集合 A と B を考える. A と B をそれぞれ定義域とする Σ_0 関係 $R_1(x, y)$ と $R_2(x, y)$ が存在する. ここで,

$$\exists y(R_1(n, y) \wedge (\forall z \leq y) \sim R_2(n, z))$$

をみたすすべての n の集合を A' とおき,

$$\exists y(R_2(n,y) \land (\forall z \le y){\sim}R_1(n,z))$$

をみたすすべての n の集合を B' とおく.

このとき，$R_1(n,y)$ が成立するとき，そしてそのときに限って，y は n を A に入れるといい，$R_2(n,y)$ が成立するとき，そしてそのときに限って，y は n を B に入れるということにする．よって，$n \in A$ であるとき，そしてそのときに限って，n を A に入れる y が存在し，$n \in B$ であるとき，そしてそのときに限って，n を B に入れる y が存在する．また，n を A に入れる y が存在し，n を B に入れる $z \le y$ が存在しないとき，n は B よりも前に A に入るという．したがって，集合 A' は，B よりも前に A に入るすべての n の集合であり，集合 B' は，A よりも前に B に入るすべての n の集合ということになる．集合 B よりも前に A に入ると同時に，A よりも前に B に入る要素が存在しないことから，集合 A' と B' は，明らかに互いに素である．このとき，$n \in A$ かつ $n \notin B$ ならば，n は B よりも前に A に入り（B に入る n は存在しないから），

$$A - B \subseteq A'$$

が成立する．最後に，

$$R_1(x,y) \land (\forall z \le y){\sim}R_2(x,z)$$

および

$$R_2(x,y) \land (\forall z \le y){\sim}R_1(x,z)$$

が Σ_0 関係であることから，集合 A' および集合 B' は，Σ_1 集合である．以上によって，次の定理が導かれた.

定理 5 任意の Σ_1 集合 A と B に対して，$A - B \subseteq A'$ かつ $B - A \subseteq B'$ をみたす互いに素な Σ_1 集合 A' と B' が存在する.

さて，体系 $\mathscr{S}$ において，任意の互いに素な Σ_1 集合 A と B に対して，A は B から分離可能であると仮定する．このとき，A と B を必ずしも互いに素でない Σ_1 集合とおく．そこで，定理 5 により，$A - B \subseteq A'$ かつ $B - A \subseteq B'$ をみたす互いに素な集合 A' と B' が存在する．また，仮定により，$\mathscr{S}$ で A' を B' から分離

する論理式 $F(v_1)$ が存在する. よって, $F(v_1)$ は $A - B$ を $B - A$ から分離する. [なぜなら, $n \in A - B$ ならば $n \in A'$ であり, よって, $F(\overline{n})$ は証明可能であり, $n \in B - A$ ならば $n \in B'$ であり, よって, $F(\overline{n})$ は反証可能だから.] よって, 次の系が導かれた.

　系　体系 $\mathscr{S}$ のすべての互いに素な Σ_1 集合が分離可能であれば, $\mathscr{S}$ は集合ロッサー体系である.

　もちろん, 定理 5 とその系は, $n > 1$ の n 項関係においても成立する. この点については, 読者に確認してほしい.

第 VII 章

シェファードソンの表現定理

　すでに述べたように，ゲーデルが不完全性定理を証明した時点では，体系 $\mathscr{P.A.}$ において集合 P^* の表現可能性を示すために，ペアノ算術の ω 無矛盾性を仮定しなければならなかった．その後，1960 年には，エーレンフォイヒトとフェファーマンが，すべての Σ_1 集合は，体系 $(\mathscr{R})$ の**単純無矛盾**かつ**公理化可能**なすべての拡張で表現可能であることを証明した．したがって，体系 $\mathscr{P.A.}$ の単純無矛盾性という弱い仮定に基づいて，すべての Σ_1 集合が $\mathscr{P.A.}$ で表現可能であることが証明されたわけである．この証明は，ロッサーの方法と，マイヒルが導いた重要な帰納的関数理論を組み合わせたものだが，その内容は，本書の範囲を超えている．しかし，そのすぐ後に，より直接的かつ独創的な別証が Shepherdson [1961] によって発表された．本章では，この証明を考察する．[本書の続編では，シェファードソンの証明とオリジナルの証明を比較検討する．これらの 2 つの方法は，まったく異なるものであり，異なる方向に一般化されることによって，非常に強固な帰結を導いている．]

§1. シェファードソンの表現定理

　すでに定義したように，$n > 1$ において，体系 $\mathscr{S}$ の任意の 2 つの Σ_1 関係：

$$R_1(x_1, \cdots, x_n) \ \succeq \ R_2(x_1, \cdots, x_n)$$

に対して, $\mathscr{S}$ で $R_1 - R_2$ を $R_2 - R_1$ から分離可能であるとき, $\mathscr{S}$ を n 項関係ロッサー体系と呼ぶ. この小節の目標は, 次の定理 S_1 とその系としての定理 1 である.

定理 S_1 [シェファードソンの表現定理] 体系 $\mathscr{S}$ が単純無矛盾で公理化可能な 2 項関係ロッサー体系であれば, すべての Σ_1 集合は $\mathscr{S}$ で表現可能である.

定理 1 [エーレンフォイヒトとフェファーマンによる] 体系 $(\mathscr{R})$ の無矛盾で公理化可能なすべての拡張において, すべての Σ_1 集合は表現可能である.

シェファードソンの補助定理と弱い分離 以下, 今までに用いてきた「分離」を「強い分離」と強調することによって, ここで定義する「弱い分離」と区別する. 論理式 $F(v_1)$ が集合 B と互いに素で A を含む集合を表現するとき, $F(v_1)$ は A を B から**弱く分離する**という. 第 VI 章の補助定理 1 で示したように, 体系 $\mathscr{S}$ が無矛盾であれば, 強い分離は弱い分離を含意する. また, 論理式 $F(v_1, \cdots, v_n)$ が, $R_1 \subseteq R'$ をみたし, R' と R_2 が互いに素であるような関係:

$$R'(x_1, \cdots, x_n)$$

を表現するとき, $F(v_1, \cdots, v_n)$ は, $R_1(x_1, \cdots, x_n)$ を $R_2(x_1, \cdots, x_n)$ から**弱く分離する**という. 集合の場合と同様, 関係においても, 体系 $\mathscr{S}$ が無矛盾であれば, 強い分離は弱い分離を含意する. [読者は, 簡単に確認できるだろう.] ここで注意してほしいのは, 命題「$F(v_1, \cdots, v_n)$ は, $R_1(x_1, \cdots, x_n)$ を $R_2(x_1, \cdots, x_n)$ から弱く分離する」は, 命題「すべての数の n 組 $(k_1, \cdots, k_n) \in R_1$ に対して, 文 $F(\overline{k}_1, \cdots, \overline{k}_n)$ は証明可能であり, すべての数の n 組 $(k_1, \cdots, k_n) \in R_2$ に対して, 文 $F(\overline{k}_1, \cdots, \overline{k}_n)$ は証明可能でない」と同値という点である.

関数 $\Pi(x, y, z)$ 任意の式 E に対して,

$$\forall v_2(v_2 = \overline{n} \supset \forall v_1(v_1 = \overline{m} \supset E))$$

を $E[\overline{m}, \overline{n}]$ とおく. このとき, E が自由変数 v_1 と v_2 のみを含む論理式であれば,

文 $E[\overline{m},\overline{n}]$ は文 $E(\overline{m},\overline{n})$ と同値である．［文 $E(\overline{m},\overline{n})$ は，E における v_1 と v_2 のすべての自由出現にそれぞれ $\overline{m}$ と $\overline{n}$ を代入した結果である．］また，E が論理式であれば，

$$E[\overline{m},\overline{n}] \equiv E(\overline{m},\overline{n})$$

は，論理的に妥当である．したがって，この論理式は $\mathscr{S}$ で証明可能であり，よって，文 $E[\overline{m},\overline{n}]$ が $\mathscr{S}$ で証明可能であるとき，そしてそのときに限って，文 $E(\overline{m},\overline{n})$ は $\mathscr{S}$ で証明可能である．

ここで，$E_x[\overline{y},\overline{z}]$ のゲーデル数を $\Pi(x,y,z)$ とおく．［E_x は，そのゲーデル数が x である式である．］注意してほしいことは，

$$\Pi(x,y,z) \in P$$

が成立すれば，E_x が自動的に論理式となることである．よって，$E_x(\overline{y},\overline{z})$ は証明可能である（なぜなら，$E_x[\overline{y},\overline{z}]$ が証明可能だから）．逆に，$E_x(\overline{y},\overline{z})$ が証明可能であれば，$E_x[\overline{y},\overline{z}]$ も証明可能であり，$\Pi(x,y,z) \in P$ が成立する．したがって，任意の数 x,y,z に対して，

$$E_x[\overline{y},\overline{z}] \text{ が証明可能} \Leftrightarrow E_x(\overline{y},\overline{z}) \text{ が証明可能}$$

$$\Leftrightarrow \Pi(x,y,z) \in P$$

が成立する．

補助定理 1 ［シェファードソンの表現補助定理］ 任意の集合 A に対して，関係：

$$x \in A \wedge \Pi(y,x,y) \notin P$$

が体系 $\mathscr{S}$ で関係：

$$\Pi(y,x,y) \in P \wedge x \notin A$$

から弱く分離可能であれば，A は $\mathscr{S}$ で表現可能である．特に，$E_h(v_1,v_2)$ が分離する論理式であれば，$E_h(v_1,\overline{h})$ は $\mathscr{S}$ で A を表現する．

補助定理 1 は，次の補助定理からすぐに導かれる．

108　　　　　　　　第 VII 章　シェファードソンの表現定理

補助定理 1*　　任意の関係 $R(x, y)$ に対して，関係：

$$R(x, y) \land \Pi(y, x, y) \notin P$$

を関係：

$$\Pi(y, x, y) \in P \land \sim R(x, y)$$

から弱く分離する論理式を $E_h(v_1, v_n)$ とおく．そこで，すべての数 n に対して，文 $E_h(\overline{n}, \overline{h})$ が $\mathscr{S}$ で証明可能であるとき，そしてそのときに限って，$R(n, h)$ が成立する．

[証明]　仮定より，任意の数 n, m に対して，

(1)　関係 $R(n, m) \land \Pi(m, n, m) \notin P$ が成立するならば，$E_h(\overline{n}, \overline{m})$ は証明可能である．

(2)　関係 $\Pi(m, n, m) \in P \land \sim R(n, m)$ が成立するならば，$E_h(\overline{n}, \overline{m})$ は証明可能でない．

　(1) において，h を m に代入すると，$R(n, h)$ かつ $\Pi(h, n, h) \notin P$ ならば，$E_h(\overline{n}, \overline{h})$ は証明可能である．このことは，$R(n, h)$ が成立すると同時に $E_h(\overline{n}, \overline{h})$ が証明可能でなければ，$E_h(\overline{n}, \overline{h})$ が証明可能であることを意味する．よって，$R(n, h)$ が成立するならば，$E_h(\overline{n}, \overline{h})$ は証明可能である．

　(2) において，h を m に代入すると，$\Pi(h, n, h) \in P$ かつ $\sim R(n, h)$ ならば，$E_h(\overline{n}, \overline{h})$ は証明可能でない．このことは，$E_h(\overline{n}, \overline{h})$ が証明可能であると同時に $\sim R(n, h)$ が成立するならば，$E_h(\overline{n}, \overline{h})$ が証明可能でないことを意味する．よって，$E_h(\overline{n}, \overline{h})$ が証明可能であれば，$R(n, h)$ が成立しなければならない．

　したがって，$E_h(\overline{n}, \overline{h})$ が証明可能であるとき，そしてそのときに限って，$R(n, h)$ が成立する．

　関係 R を，$x \in A$ をみたすすべての順序対 (x, y) の集合とおけば，補助定理 1* から補助定理 1 を即座に導くことができる．補助定理 1 の仮定が成立するならば，補助定理 1* により，すべての数 n に対して，

$$E_h(\overline{n}, \overline{h}) \text{ が証明可能} \Leftrightarrow R(n, h) \Leftrightarrow n \in A.$$

したがって，論理式 $E_h(v_1, \overline{h})$ は体系 $\mathscr{S}$ で集合 A を表現する．

§1. シェファードソンの表現定理　　　109

さて，以上から，定理 S_1 を簡単に導くことができる．関係 $x *_{13} y = z$ と $13^x = y$ が Σ_1 関係であることから，関係 $\Pi(x, y, z) - w$ が Σ_1 関係であることは明らかである．このとき，関係 $\Pi(y, x, y) = z$ は Σ_1 関係であり，$\mathscr{S}$ が公理化可能であれば，集合 P も Σ_1 集合である．よって，

$$\Pi(y, x, y) \in P$$

は Σ_1 関係である（$\exists z(\Pi(y, x, y) = z \wedge z \in P)$ と同値だから）．

ここで，任意の Σ_1 集合 A に対して，関係 $x \in A$ を $R_A(x, y)$ とおく．この関係も，Σ_1 関係である（$x \in A \wedge y = y$ と同値だから）．そこで，定理 S_1 の仮定により，関係：

$$R_A(x, y) \wedge {\sim}\Pi(y, x, y) \in P$$

は $\mathscr{S}$ で関係：

$$\Pi(y, x, y) \in P \wedge {\sim}R_A(x, y)$$

から強く分離可能である．したがって，関係：

$$x \in A \wedge {\sim}\Pi(y, x, y) \in P$$

は $\mathscr{S}$ で関係：

$$\Pi(y, x, y) \in P \wedge {\sim}x \in A$$

から強く分離可能である．体系 $\mathscr{S}$ の単純無矛盾性から，前者の関係は $\mathscr{S}$ で後者の関係から弱く分離可能でもある．よって，補助定理 1 により，A は $\mathscr{S}$ で表現可能である．以上によって，定理 S_1 は証明された．

特に，体系 $\mathscr{S}$ を，$(\mathscr{R})$ の無矛盾で公理化可能な拡張（つまり，すべての真である Σ_0 文を証明可能にする任意の無矛盾で公理化可能な $\Omega_4 \cdot \Omega_5$ 拡張）とする．よって，A が Σ_1 集合であれば，$\mathscr{S}$ において A を枚挙する Σ_0 論理式 $A(x, y)$ が存在する．また，関係 $\Pi(y, x, y) \in P$ も Σ_1 関係であることから，$\mathscr{S}$ においてこの関係を枚挙する Σ_0 論理式 $B(x, y, z)$ が存在する．したがって，

$$\forall z(B(x, y, z) \supset (\exists w \leq z)A(x, w))$$

は，関係：

$$x \in A \wedge \Pi(y, x, y) \notin P$$

を $\mathscr{S}$ で関係：

$$\Pi(y, x, y) \in P \wedge x \notin A$$

から強く分離する（$\mathscr{S}$ の無矛盾性から，弱く分離可能でもある）．この論理式のゲーデル数を h とおくと，補助定理 1 により，

$$\forall z(B(x, \overline{h}, z) \supset (\exists w \leq z)A(x, w))$$

は，$\mathscr{S}$ で A を表現する．これによって，A を表現する論理式がどのようなものか明確になった．

[解説]　この論理式の意義を，注意深く考えてみよう．ここで，Σ_0 文 $A(\overline{x}, \overline{z})$ が真であるとき，z を x が A に存在する証拠と呼ぶことにしよう．また，Σ_0 文 $B(\overline{x}, \overline{y}, \overline{z})$ が真であるとき，z を $E_y(\overline{x}, \overline{y})$ が証明可能である証拠と呼ぶ．そこで，任意の数 n に対して，

$$\forall z(B(\overline{n}, \overline{h}, z) \supset (\exists w \leq z)A(\overline{n}, w))$$

は，「$E_h(\overline{n}, \overline{h})$ が証明可能であるという任意の証拠 z に対して，n が A に存在する証拠 $w \leq z$ が存在する」と解釈できる．ところが，文 $E_h(\overline{n}, \overline{h})$ 自体がこの文にほかならない！　よって，この文は，「この文が証明可能であるという任意の証拠に対して，その数以下で $n \in A$ を立証する証拠が存在する」ことを意味する．つまり，n と A の要素関係ばかりでなく，それ自体の $\mathscr{S}$ における証明可能性を言及する意味で，この文は自己言及なのである．

　論理式 $\exists z(A(x, z) \wedge (\forall w \leq z){\sim}B(x, y, w))$ のゲーデル数を k とおくと，

$$\exists z(A(x, z) \wedge (\forall w \leq z){\sim}B(x, \overline{k}, w))$$

が上記の論理式と同様の効果をもたらす．任意の数 n に対して，

$$\exists z(A(\overline{n}, z) \wedge (\forall x \leq z){\sim}B(\overline{n}, \overline{k}, w))$$

は，「$n \in A$ である証拠が存在し，その数以下でこの文が証明可能であることを立証する証拠はない」と解釈できる．

問題1　すべての正の数 n に対して，$\mathscr{S}$ が無矛盾で公理化可能な $(n+1)$ 項関係ロッサー体系であれば，すべての Σ_1 関係 $R(x_1, \cdots, x_n)$ は $\mathscr{S}$ で表現可能である．

§2. 完全分離ロッサー体系

　任意の互いに素な集合の順序対 (A, B) に対して，論理式 $F(v_1)$ が $\mathscr{S}$ で A を表現し，その否定 $\sim F(v_1)$ が $\mathscr{S}$ で B を表現するとき，$F(v_1)$ は $\mathscr{S}$ で A を B から**完全に分離する**（あるいは，論理式 $F(v_1)$ は $\mathscr{S}$ で (A, B) を完全に分離する）という．このことは，すべての $n \in A$ に対して，$F(\overline{n})$ は $\mathscr{S}$ で証明可能であり，すべての $n \in B$ に対して，$F(\overline{n})$ は反証可能であり，すべての $n \notin (A \cup B)$ に対して，$F(\overline{n})$ が決定不可能であることを意味する．[ここで，$\mathscr{S}$ で A を B から完全に分離できれば，$\mathscr{S}$ で A を B から強くも弱くも分離でき，$\mathscr{S}$ は単純無矛盾でなければならない点に注意してほしい．]

　すべての互いに素な Σ_1 集合の順序対 (A, B) が $\mathscr{S}$ で完全に分離できるとき，$\mathscr{S}$ を**完全分離**ロッサー体系と呼ぶ．Putnam-Smullyan[1960] では，体系 $(\mathscr{R})$ の無矛盾で公理化可能なすべての拡張は，（集合および n 項関係の）完全分離ロッサー体系であることを示した．この方法は，帰納理論（マイヒルの定理の類推）から得た帰結を用いるものだが，シェファードソンは，§1 で説明した彼の構成を用いて証明した．再び，彼の方法とパトナム・スマリヤンの方法は異なる方向を示しており，この点については，本書の続編でくわしく比較する．

　非形式的に，シェファードソンの方法は，次のようなものである．$(\mathscr{R})$ の公理化可能な拡張 $\mathscr{S}$ において，互いに素な Σ_1 集合 A と B を枚挙する論理式を $A(x, y)$ と $B(x, y)$ とおく．ここで，シェファードソンは，任意の数 n に対して，文 $\phi(\overline{n})$ が，「任意の z に対して，z が自己が証明可能である証拠であるか，または n が B に属する証拠であれば，自己が反証可能であるか，または n が A に属する証拠 $w \leq z$ が存在する」という命題を言及するような論理式 $\phi(x)$ を構成したわけである．それでは，形式的に証明しよう．[反証可能な論理式のゲーデル数の集合を R とおくことを思い出してほしい．]

補助定理2　[シェファードソンの分離定理]　体系 $\mathscr{S}$ が単純無矛盾であり，$\mathscr{S}$ の任意の互いに素な集合 A と B に対して，関係:

$$(x \in A \lor \Pi(y,x,y) \in R) \land \sim(x \in B \lor \Pi(y,x,y) \in P)$$

が $\mathscr{S}$ で関係:

$$(x \in B \lor \Pi(y,x,y) \in P) \land \sim(x \in A \lor \Pi(y,x,y) \in R)$$

から強く分離可能であれば，A は $\mathscr{S}$ で B から完全に分離できる．

ここでは，補助定理 2 を強化した次の補助定理を証明しよう．

補助定理 2* 関係 $R_1(x,y)$ と $R_2(x,y)$ が互いに素であるとき，$S_1(x,y)$ と $S_2(x,y)$ を，それぞれ関係:

$$R_1(x,y) \lor \Pi(y,x,y) \in R,$$
$$R_2(x,y) \lor \Pi(y,x,y) \in P$$

とおく．体系 $\mathscr{S}$ が単純無矛盾であり，$S_1 - S_2$ を $\mathscr{S}$ で $S_2 - S_1$ から強く分離する論理式が $E_h(v_1, v_2)$ であれば，任意の数 n に対して，
(a) $R_1(n,h) \Leftrightarrow E_h(\overline{n}, \overline{h})$ が $\mathscr{S}$ で証明可能．
(b) $R_2(n,h) \Leftrightarrow E_h(\overline{n}, \overline{h})$ が $\mathscr{S}$ で反証可能．

[証明] 仮定の y に h を代入すると，すべての数 n に対して，次の条件が成立する．
(1) $[R_1(n,h) \lor \Pi(h,n,h) \in R] \land \sim[R_2(n,h) \lor \Pi(h,n,h) \in P] \Rightarrow E_h(\overline{n}, \overline{h})$ は証明可能．
(2) $[R_2(n,h) \lor \Pi(h,n,h) \in P] \land \sim[R_1(n,h) \lor \Pi(h,n,h) \in R] \Rightarrow E_h(\overline{n}, \overline{h})$ は反証可能．

(a) $R_1(n,h)$ を仮定すると，条件 (1) において，

$$R_1(n,h) \lor \Pi(h,n,h) \in R$$

は真となり，

$$\sim[R_2(n,h) \lor \Pi(h,n,h) \in P]$$

は，$\Pi(h,n,h) \notin P$ に還元される（R_1 は R_2 と互いに素であり，よって，$R_2(n,h)$ が偽だから）．したがって，条件（1）は，

$$\Pi(h,n,h) \notin P \Rightarrow E_h(\overline{n},\overline{h}) \text{ は証明可能}$$

に還元され，この命題は，「$E_h(\overline{n},\overline{h})$ が証明可能でなければ，$E_h(\overline{n},\overline{h})$ は証明可能である」と同値である．ゆえに，$R_1(n,h)$ であれば，$E_h(\overline{n},\overline{h})$ は証明可能でなければならない．

逆に，$E_h(n,h)$ を証明可能と仮定すると，

$$\Pi(h,n,h) \in P$$

が成立する．よって，

$$R_2(n,h) \vee \Pi(h,n,h) \in P$$

は真となり，

$$\sim[R_1(n,h) \vee \Pi(h,n,h) \in R]$$

は，$\sim R_1(n,h)$ に還元される（$\mathscr{S}$ は単純無矛盾であり，$\Pi(h,n,h) \in P$ より，$\Pi(h,n,h) \in R$ が偽だから）．したがって，条件（2）は，

$$\sim R_1(n,h) \Rightarrow E_h(\overline{n},\overline{h}) \text{ は反証可能}$$

に還元される．ところが，$E_h(\overline{n},\overline{h})$ は反証可能ではないので（無矛盾性により），$R_1(n,h)$ が成立しなければならない．

以上から，（a）は証明された．

（b）この証明は，（a）の証明と対称的に導くことができる．

[参考] 上記の証明は，命題論理の美しい原理に基づいている．4つの命題 $r_1, r_2,$ q_1, q_2 と，次の4つの条件を仮定する．

(1) $[(r_1 \vee q_2) \wedge \sim(r_2 \vee q_1)] \Rightarrow q_1$

(2) $[(r_2 \vee q_1) \wedge \sim(r_1 \vee q_2)] \Rightarrow q_2$

(3) $\sim(r_1 \wedge r_2)$

(4) $\sim(q_1 \wedge q_2)$

結論は，$r_1 \Leftrightarrow q_1$ と $r_2 \Leftrightarrow q_2$ である．

114   第 VII 章　シェファードソンの表現定理

再び，この章の話題に戻ろう．補助定理 2^* において，

$$R_1(x, y) \Leftrightarrow x \in A,$$

$$R_2(x, y) \Leftrightarrow x \in B$$

と定義すれば，もちろん，補助定理 2 を導く．よって，次の定理を得ることができる．

定理 S_2　［シェファードソンの表現定理］　無矛盾で公理化可能なすべての 2 項関係ロッサー体系は，完全分離ロッサー体系である．

［証明］　体系 $\mathscr{S}$ が公理化可能であれば，関係 $\Pi(y, x, y) \in P$ および $\Pi(y, x, y) \in R$ はともに Σ_1 関係である．よって，任意の Σ_1 集合 A と B に対して，関係：

$$x \in A \vee \Pi(y, x, y) \in R,$$

$$x \in B \vee \Pi(y, x, y) \in P$$

はともに Σ_1 関係である．これに加えて，$\mathscr{S}$ が 2 項関係ロッサー体系であれば，これらの Σ_1 関係の差は，$\mathscr{S}$ で強く分離可能である．したがって，補助定理 2 により，$\mathscr{S}$ は完全分離ロッサー体系である．

定理 2　［パトナム・スマリヤンによる］　$(\mathscr{R})$ の単純無矛盾で公理化可能なすべての拡張は，ロッサー体系である．

［証明］　定理 S_2 に加えて，$(\mathscr{R})$ のすべての拡張はロッサー体系であることから導かれる．

問題 2　$(\mathscr{R})$ の無矛盾で公理化可能な拡張を $\mathscr{S}$ とする．また，A と B を互いに素な Σ_1 集合とおき，$\mathscr{S}$ において A と B を枚挙する Σ_0 論理式をそれぞれ $A(x, y)$ と $B(x, y)$ とおく．ここで，関係

$$\Pi(y, x, y) \in P,$$

$$\Pi(y, x, y) \in R$$

を枚挙する論理式を，それぞれ $C(x, y, z)$ と $D(x, y, z)$ とする．体系 $\mathscr{S}$ で A

§3. ロッサーの決定不可能な文の変形　　115

と B を完全に分離する論理式を求めよ．[全称量化子で始まるか，存在量化子で始まるかの2種類の方法で求めることができる．]

§3. ロッサーの決定不可能な文の変形

シェファードソンの方法は，ロッサーの決定不可能な文について，興味深い変形を想定している．

単純無矛盾だが，必ずしも公理化可能でない体系 $\mathscr{S}$ を考察する．この仮定から，集合 P^* または R^* が $\mathscr{S}$ で枚挙可能であり，$\mathscr{S}$ が ω 無矛盾であれば，$\mathscr{S}$ が不完全であることが判断できる．同時に，集合 P^* と R^* がともに $\mathscr{S}$ で枚挙可能であり，$\mathscr{S}$ が $\Omega_4 \cdot \Omega_5$ 拡張であれば，$\mathscr{S}$ が不完全であることも判断できる（ロッサーの方法による）．さて，この章では，集合 P^* と R^* の代わりに単一の3項関係 $\Pi(x, y, z) \in P$ を使ったが，この関係の $\mathscr{S}$ における枚挙可能性で，不完全性を十分に導くことができるのである（体系 $\mathscr{S}$ を公理スキーマ Ω_4 と Ω_5 の拡張として）．実際には，2項関係 $\Pi(y, x, y) \in P$ で不完全性を導くこともできる．シェファードソンの方法を変形することによって，これらの事実を証明しよう．

以下に仮定する体系 $\mathscr{S}$ は，単純無矛盾だが，必ずしも公理化可能である必要はない．

定理3 関係：

$$\Pi(x, x, y) \in P \wedge \Pi(y, x, y) \notin P$$

が体系 $\mathscr{S}$ で関係：

$$\Pi(y, x, y) \in P \wedge \Pi(x, x, y) \notin P$$

から弱く分離可能であれば，$\mathscr{S}$ は矛盾あるいは不完全である．

[証明]　仮定の分離を行う論理式を $E_h(v_1, v_2)$ とおく．補助定理1により，任意の数 n に対して，

$$\Pi(n, n, h) \in P \Leftrightarrow E_h(\overline{n}, \overline{h})\text{ が証明可能}$$

が成立する．よって，$E_n(\overline{n}, \overline{h})$ が証明可能であるとき，そしてそのときに限って，

$E_h(\overline{n}, \overline{h})$ が証明可能である．ここで，$E_h(v_1, v_2)$ の否定を $E_k(v_1, v_2)$ とおく．したがって，$E_k(\overline{k}, \overline{h})$ が証明可能であるとき，そしてそのときに限って，$E_h(\overline{k}, \overline{h})$ は反証可能である．これらの同値関係から，$E_k(\overline{k}, \overline{h})$ が証明可能であるとき，そしてそのときに限って，$E_h(\overline{k}, \overline{h})$ が証明可能となる．ゆえに，

$$E_h(\overline{k}, \overline{h}) \text{ が反証可能} \Leftrightarrow E_h(\overline{k}, \overline{h}) \text{ が証明可能}$$

が成立し，$\mathscr{S}$ は矛盾あるいは不完全でなければならない．

体系 $\mathscr{S}$ が無矛盾であるという仮定に基づけば，文 $E_h(\overline{k}, \overline{h})$ が $\mathscr{S}$ の決定不可能な文となる．

系 体系 $\mathscr{S}$ が無矛盾な $\Omega_4 \cdot \Omega_5$ 拡張であり，関係 $\Pi(x, y, z) \in P$ が $\mathscr{S}$ で枚挙可能であれば，$\mathscr{S}$ は不完全である．

[証明] 体系 $\mathscr{S}$ において，$\Pi(x, y, z) \in P$ を枚挙する論理式を

$$F(v_1, v_2, v_3, v_4)$$

とおく．そこで，$F(v_1, v_1, v_2, v_3)$ は，$\Pi(x, x, y) \in P$ を枚挙し，$F(v_2, v_1, v_2, v_3)$ は，$\Pi(y, x, y) \in P$ を枚挙する．よって，仮定より，関係 $\Pi(x, x, y) \in P$ と $\Pi(y, x, y) \in P$ は，ともに $\mathscr{S}$ で枚挙可能である．したがって，これらの関係の差（どちらの順番でも）は，$\mathscr{S}$ で強く分離可能であり，定理 3 により，$\mathscr{S}$ は不完全となる．

特に，

$$\forall v_3 (F(v_2, v_1, v_2, v_3) \supset (\exists v_4 \leq v_3) F(v_1, v_1, v_2, v_4))$$

のゲーデル数を h とおき，この論理式の否定のゲーデル数を k とおくと，

$$\forall v_3 (F(\overline{h}, \overline{k}, \overline{h}, v_3) \supset (\exists v_4 \leq v_3) F(\overline{k}, \overline{k}, \overline{h}, v_4))$$

は $\mathscr{S}$ で決定不可能である（$\mathscr{S}$ が無矛盾であれば）．

すでに述べたように，関係 $\Pi(x, y, z) \in P$ の代わりに関係 $\Pi(y, x, y) \in P$ を使うことができるが，これは次の問題で示すように，少なくとも 2 種類の方法で行うことができる．

§3. ロッサーの決定不可能な文の変形　　117

問題 4　すべての数 n に対して，$E_h(\overline{n},\overline{h})$ が $\mathscr{S}$ で証明可能であるとき，そして
そのときに限って，$E_n(\overline{h},\overline{n})$ が証明可能であるような数 h が存在すると仮定
する．このとき，$\mathscr{S}$ が無矛盾であれば，不完全であることを証明せよ．[論理
式 $\sim E_h(v_1,v_2)$ ではなく，$\sim E_h(v_2,v_1)$ のゲーデル数 k を考えればよい.]

問題 5　問題 4 の結果と補助定理 1^* を用いて，関係：

$$\Pi(x,y,x)\in P \wedge \Pi(y,x,y)\notin P$$

が関係：

$$\Pi(y,x,y)\in P \wedge \Pi(x,y,z)\notin P$$

を $\mathscr{S}$ で弱く分離し，$\mathscr{S}$ が無矛盾であれば，$\mathscr{S}$ が不完全であることを証明せ
よ．

問題 6　問題 5 の結果を用いて，関係：

$$\Pi(y,x,y)\in P$$

が $\mathscr{S}$ で枚挙可能であり，$\mathscr{S}$ が無矛盾な $\Omega_4 \cdot \Omega_5$ 拡張であれば，$\mathscr{S}$ が不完全で
あることを証明せよ．

問題 7　問題 6 の結果を用いて，定理 3 の系を証明せよ．

問題 8　関係：

$$\Pi(x,x,x)\in P$$

をみたす x の集合が $\mathscr{S}$ で表現可能であり，$\mathscr{S}$ が無矛盾であれば，$\mathscr{S}$ が不完
全であることを証明せよ．

問題 9　問題 8 の結果を用いて，関係：

$$\Pi(x,x,x)\in P \wedge \Pi(y,x,y)\notin P$$

が関係：

第VII章 シェファードソンの表現定理

$$\Pi(y, x, y) \in P \wedge \Pi(x, x, x) \notin P$$

から $\mathscr{S}$ で弱く分離可能であり，$\mathscr{S}$ が無矛盾であれば，$\mathscr{S}$ が不完全であることを証明せよ．

問題 10 問題 9 の結果を用いて，問題 6 を証明せよ．

§4. シェファードソンの定理の強化

補助定理 1 と補助定理 2 の代わりに補助定理 1^* と補助定理 2^* をそれぞれ適用すると，次のように定理 S_1 と定理 S_2 を強化できる．

定理 $S_1{}^*$ 体系 $\mathscr{S}$ が単純無矛盾で公理化可能な 2 項関係ロッサー体系であれば，任意の Σ_1 関係 $R(x, y)$ に対して，数 h が存在し，$E_h(v_1, v_2)$ は論理式であり，$E_h(v_1, \overline{h})$ は $R(n, h)$ をみたすすべての数 n の集合を表現する．

定理 $S_2{}^*$ 体系 $\mathscr{S}$ が単純無矛盾で公理化可能な 2 項関係ロッサー体系であれば，任意の Σ_1 関係 $R_1(x, y)$ と $R_2(x, y)$ に対して，数 h が存在し，$E_h(v_1, v_2)$ は論理式であり，$E_h(v_1, \overline{h})$ は，$R_1(n, h)$ をみたすすべての数 n の集合を，$R_2(n, h)$ をみたすすべての数 n の集合から，強く分離する．

これらの帰結は，本書の続編で応用される．証明は，定理 S_1 と定理 S_2 を変化させれば簡単に得ることができる．

問題 11 定理 $S_1{}^*$ と定理 $S_2{}^*$ を証明せよ．

第 VIII 章

定義可能性と対角化

この章では，次の章以下で必要になる Σ_1 関係と関数に関する基礎的な事実を確立する．また，論理式の**不動点**の概念を紹介し，ゲーデルの**第 2 不完全性定理**に関連する帰結を導くために重要な定理を証明する．

§1. 定義可能性と完全表現可能性

すべての数 $a_1, \cdots, a_n$ に対して次の 2 つの条件が成り立つとき，論理式 $F(v_1, \cdots, v_n)$ は，関係 $R(x_1, \cdots, x_n)$ を体系 $\mathscr{S}$ で**定義する**という．
(1) $R(a_1, \cdots, a_n) \Rightarrow F(\bar{a}_1, \cdots, \bar{a}_n)$ は $\mathscr{S}$ で証明可能.
(2) $\widetilde{R}(a_1, \cdots, a_n) \Rightarrow F(\bar{a}_1, \cdots, \bar{a}_n)$ は $\mathscr{S}$ で反証可能.
これらの 2 つの条件が「$\Rightarrow$」だけでなく「$\Leftrightarrow$」をみたす同値関係であるとき，すなわち，F が R を表現すると同時に $\sim F$ が $\widetilde{R}$ を表現するとき，そしてそのときに限って，論理式 $F(a_1, \cdots, a_n)$ は関係 $R(a_1, \cdots, a_n)$ を**完全表現する**という．

命題 1 体系 $\mathscr{S}$ が無矛盾であり，F が $\mathscr{S}$ で R を定義するならば，F は $\mathscr{S}$ で R を完全表現する.

[証明] 仮定から，条件 (1) と (2) の逆を示せばよい.

論理式 $F(\overline{a}_1, \cdots, \overline{a}_n)$ が $\mathscr{S}$ で証明可能とする．よって，$F(\overline{a}_1, \cdots, \overline{a}_n)$ は $\mathscr{S}$ で反証可能ではない（$\mathscr{S}$ の無矛盾性による）．したがって，条件 (2) により，$\widetilde{R}(a_1, \cdots, a_n)$ は成立しない．ゆえに，$R(a_1, \cdots, a_n)$ が成立する．

同様に，$F(\overline{a}_1, \cdots, \overline{a}_n)$ が $\mathscr{S}$ で反証可能であれば，$\mathscr{S}$ で証明可能ではない．したがって，条件 (1) により，$R(a_1, \cdots, a_n)$ が成立することはなく，ゆえに，$\widetilde{R}(a_1, \cdots, a_n)$ が成立する．

帰納的関係　関係（集合）に対して，それ自体とその補関係（補集合）がともに Σ_1 関係（Σ_1 集合）であるとき，これを**帰納的関係**（帰納的集合）と呼ぶ．［帰納的関係は，多くの異なる方法で，同値の定義を与えることができる．他の定義については，本書の続編で考察する．］

論理式 F が体系 $\mathscr{S}$ で関係 R を定義するとき，そしてそのときに限って，F が $\mathscr{S}$ で R を $\widetilde{R}$ から分離することは明らかである．ここで，$\mathscr{S}$ をロッサー体系，R を帰納的関係とする．よって，R と $\widetilde{R}$ はともに Σ_1 関係となる．したがって，R を $\mathscr{S}$ で $\widetilde{R}$ から分離可能であり，このことは，R が $\mathscr{S}$ で定義可能であることを示す．ここから，次の命題を得ることができる．

命題 2

(1) 体系 $\mathscr{S}$ がロッサー体系であれば，すべての帰納的関係は，$\mathscr{S}$ で定義可能である．

(2) 体系 $\mathscr{S}$ が無矛盾なロッサー体系であれば，すべての帰納的関係は，$\mathscr{S}$ で完全表現可能である．

命題 2 (2) は，命題 2 (1) と命題 1 から導かれる．また，第 VI 章で体系 $(\mathscr{R})$ がロッサー体系であることを示したことから，次の定理が証明された．

定理 1　すべての帰納的関係は，体系 $(\mathscr{R})$ で定義可能である．

［参考］　体系 $\mathscr{S}$ で関係（集合）が定義可能であれば，これらは明らかに $\mathscr{S}$ の拡張でも定義可能である．したがって，すべての帰納的関係は，$(\mathscr{R})$ の無矛盾なすべての拡張，特に体系 $(\mathscr{Q})$ と体系 $\mathscr{P.A.}$ において，定義可能である．

§2. 体系 $\mathscr{S}$ における関数の強い定義可能性　　　121

問題 1　論理式 $F(v_1, v_2)$ が $R(x_1, x_2)$ を $\mathscr{S}$ で定義し，集合 A が R の定義域であれば，$F(v_1, v_2)$ が $\mathscr{S}$ において A を枚挙することを証明せよ．

問題 2　命題「すべての真である Σ_0 文が $\mathscr{S}$ で証明可能であれば，すべての Σ_0 関係は $\mathscr{S}$ で定義可能である」の真偽を述べよ．

問題 3　完全理論 $\mathscr{N}$ に対して，表現可能性，定義可能性，完全表現可能性がすべて同値であることを証明せよ．この事実は，$\mathscr{N}$ ではなく体系 $\mathscr{P.A.}$ にも適用できるだろうか？ ［集合 P^* は，体系 $\mathscr{P.A.}$ で完全表現可能だろうか？］

§2. 体系 $\mathscr{S}$ における関数の強い定義可能性

論理式：

$$F(v_1, \cdots, v_n, v_{n+1})$$

が体系 $\mathscr{S}$ で関係：

$$f(x_1, \cdots, x_n) = x_{n+1}$$

を定義するとき，この論理式は関数 $f(x_1, \cdots, x_n)$ を**弱く定義する**という．すべての数 $a_1, \cdots, a_n, b$ に対して，次の 3 つの条件が成立するとき，そしてそのときに限って，この論理式は関数 $f(x_1, \cdots, x_n)$ を**強く定義する**という．

(1)　$f(a_1, \cdots, a_n) = b \Rightarrow F(\overline{a}_1, \cdots, \overline{a}_n, \overline{b})$ は $\mathscr{S}$ で証明可能．

(2)　$f(a_1, \cdots, a_n) \neq b \Rightarrow F(\overline{a}_1, \cdots, \overline{a}_n, \overline{b})$ は $\mathscr{S}$ で反証可能．

(3)　$f(a_1, \cdots, a_n) = b \Rightarrow \forall v_{n+1}(F(\overline{a}_1, \cdots, \overline{a}_n, v_{n+1}) \supset v_{n+1} = b)$ は $\mathscr{S}$ で証明可能．

　条件 (1) と (2) は，F が f を $\mathscr{S}$ で弱く定義することを示している．よって，F が f を $\mathscr{S}$ で弱く定義すると同時に条件 (3) が成立するとき，そしてそのときに限って，F は f を $\mathscr{S}$ で強く定義するということができる．

　以下では，基本的に 1 変数の関数を扱う．次の定理と系は，強い定義可能性の重要な帰結を表している．

定理 2　関数 $f(x)$ が $\mathscr{S}$ で強く定義可能であれば，任意の論理式 $G(v_1)$ に対し

て，任意の数 n に対して文 $H(\overline{n}) \equiv G(\overline{f(n)})$ が $\mathscr{S}$ で証明可能であるような論理式 $H(v_1)$ が存在する．

［証明］ 論理式 $F(v_1, v_2)$ が $\mathscr{S}$ で $f(x)$ を強く定義すると仮定する．任意の論理式 $G(v_1)$ に対して，

$$\exists v_2 (F(v_1, v_2) \wedge G(v_2))$$

を $H(v_1)$ とおく．以下，この論理式が定理をみたすことを示す．

ここで，$f(n) = m$ をみたす任意の数 n と m を考える．以下，文 $H(\overline{n}) \equiv G(\overline{m})$ が $\mathscr{S}$ で証明可能であることを示そう．

(1) 論理式 $F(v_1, v_2)$ が $f(x)$ を強く定義することから，$F(\overline{n}, \overline{m})$ は $\mathscr{S}$ で証明可能である．よって，$G(\overline{m}) \supset (F(\overline{n}, \overline{m}) \wedge G(\overline{m}))$ は証明可能であり，したがって，$G(\overline{m}) \supset \exists v_2 (F(\overline{n}, v_2) \wedge G(v_2))$ と $G(\overline{m}) \supset H(\overline{n})$ も証明可能である．

(2) 強い定義可能性の条件 (3) により，開いた論理式：

$$F(\overline{n}, v_2) \supset v_2 = \overline{m}$$

は証明可能である．よって，

$$(F(\overline{n}, v_2) \wedge G(v_2)) \supset (v_2 = \overline{m} \wedge G(v_2))$$

は証明可能である．また，$(v_2 = \overline{m} \wedge G(v_2)) \supset G(\overline{m})$ は論理的に妥当であり，証明可能である．したがって，$(F(\overline{n}, v_2) \wedge G(v_2)) \supset G(\overline{m}))$ は証明可能である．1 階述語論理により，

$$\exists v_2 (F(\overline{n}, v_2) \wedge G(v_2)) \supset G(\overline{m})$$

は証明可能であり，したがって，$H(n) \supset G(m)$ は証明可能である．

上記 (1) と (2) より，文 $H(\overline{n}) \equiv G(\overline{m})$ は $\mathscr{S}$ で証明可能である．

系 関数 $f(x)$ が体系 $\mathscr{S}$ で強く定義可能であるとき，

(1) 体系 $\mathscr{S}$ で表現可能な任意の集合 A に対して，集合 $f^{-1}(A)$ も $\mathscr{S}$ で表現可能である．

(2) 体系 $\mathscr{S}$ で完全分離可能な任意の順序対 (A, B) に対して，順序対 $(f^{-1}(A), f^{-1}(B))$ も $\mathscr{S}$ で完全分離可能である．

§3. 体系 $(\mathscr{R})$ における帰納的関数の強い定義可能性 123

(3) 体系 $\mathscr{S}$ で定義可能な任意の集合 A に対して，集合 $f^{-1}(A)$ も $\mathscr{S}$ で定義可能である．

[証明] 関数 $f(x)$ を $\mathscr{S}$ で強く定義可能と仮定する．そこで，定理 2 により，任意の論理式 $G(v_1)$ に対して，任意の数 n に対して文 $H(\overline{n}) \equiv G(\overline{f(n)})$ を $\mathscr{S}$ で証明可能にする論理式 $H(v_1)$ が存在する．もちろん，このことは，任意の数 n に対して，$H(\overline{n})$ が $\mathscr{S}$ で証明可能であるとき，そしてそのときに限って，$G(\overline{f(n)})$ が $\mathscr{S}$ で証明可能であり，$H(\overline{n})$ が反証可能であるとき，そしてそのときに限って，$G(\overline{f(n)})$ が $\mathscr{S}$ で反証可能であることを意味する．

(1) 論理式 $G(v_1)$ が $\mathscr{S}$ で A を表現すると仮定する．そこで，任意の数 n に対して，

$$n \in f^{-1}(A) \Leftrightarrow f(n) \in A$$
$$\Leftrightarrow G(\overline{f(n)}) \text{ が } \mathscr{S} \text{ で証明可能}$$
$$\Leftrightarrow H(\overline{n}) \text{ が } \mathscr{S} \text{ で証明可能}$$

が成立する．ゆえに，$H(v_1)$ は $\mathscr{S}$ で $f^{-1}(A)$ を表現する．

(2) 論理式 $G(v_1)$ の否定が $\mathscr{S}$ で B を表現すると仮定する．そこで，任意の n に対して，

$$n \in f^{-1}(B) \Leftrightarrow f(n) \in B$$
$$\Leftrightarrow G(\overline{f(n)}) \text{ が } \mathscr{S} \text{ で反証可能}$$
$$\Leftrightarrow H(\overline{n}) \text{ が } \mathscr{S} \text{ で反証可能}$$

が成立する．ゆえに，$\sim H(v_1)$ は $\mathscr{S}$ で $f^{-1}(B)$ を表現する．

(3) 上記の証明 (2) において，B に $\widetilde{A}$ を代入すればよい．

問題 4 関数 $f(x)$ が $\mathscr{S}$ で必ずしも強く定義可能ではないが，弱く定義可能であるとする．体系 $\mathscr{S}$ が ω 無矛盾であれば，$\mathscr{S}$ で定義可能な任意の集合 A に対して，集合 $f^{-1}(A)$ が $\mathscr{S}$ で表現可能であることを証明せよ．

§3. 体系 $(\mathscr{R})$ における帰納的関数の強い定義可能性

関係：

$$f(x_1, \cdots, x_n) = x_{n+1}$$

が帰納的であるとき，そしてそのときに限って，関数 $f(x_1, \cdots, x_n)$ は帰納的と呼ばれる．定理 1 により，すべての帰納的関数は，$(\mathscr{R})$ で弱く定義可能である．さて，ここで証明するのは，次の定理である．

定理 3　すべての帰納的関数は，$(\mathscr{R})$ で強く定義可能である．

この定理は，次の補助定理と定理 1 から導くことができる．

補助定理　公理スキーマ Ω_4 と Ω_5 のすべての論理式が体系 $\mathscr{S}$ で証明可能であれば，$\mathscr{S}$ で弱く定義可能な関数は，$\mathscr{S}$ で強く定義可能である．

［証明］　ここでは，1 変数関数について証明する．

公理スキーマ Ω_4 と Ω_5 のすべての論理式が $\mathscr{S}$ で証明可能であり，$f(x)$ を $\mathscr{S}$ で弱く定義する論理式を $F(x, y)$ とおく．このとき，論理式：

$$F(x, y) \wedge \forall z(F(x, y) \supset y \le z)$$

を $G(x, y)$ とおく．以下，$G(x, y)$ が $f(x)$ を $\mathscr{S}$ で強く定義することを示す．

まず，$f(n) = m$ とする．次の 3 つの条件を示す．

(1)　$G(\overline{n}, \overline{m})$ は $\mathscr{S}$ で証明可能である．

(2)　任意の $k \ne m$ に対して，$G(\overline{n}, \overline{k})$ は $\mathscr{S}$ で反証可能である．

(3)　$\forall y(G(\overline{n}, y) \supset y = \overline{m})$ は $\mathscr{S}$ で証明可能である．

(1)　$k < m$ であれば，$F(\overline{n}, \overline{k})$ は反証可能であり，$k = m$ であれば，$\overline{m} \le \overline{k}$ が証明可能である（Ω_5 により）ことから，任意の $k \le m$ に対して，文 $F(\overline{n}, \overline{k}) \supset \overline{m} \le \overline{k}$ は証明可能である．よって，Ω_4 により，

$$z \le \overline{m} \supset (F(\overline{n}, z) \supset \overline{m} \le z)$$

は証明可能である．また，

$$\overline{m} \le z \supset (F(\overline{n}, z) \supset \overline{m} \le z)$$

も明らかに証明可能であり，よって，Ω_5 により，$F(\overline{n}, z) \supset \overline{m} \le z$ は証明

§3. 体系 ($\mathscr{R}$) における帰納的関数の強い定義可能性 125

可能である．したがって，$\forall z(F(\overline{n}, z) \supset \overline{m} \leq z)$ は証明可能である．ここで，$F(\overline{n}, \overline{m})$ は証明可能であることから，

$$F(\overline{n}, \overline{m}) \wedge \forall z(F(\overline{n}, z) \supset \overline{m} \leq z)$$

は証明可能であり，すなわち，$G(\overline{n}, \overline{m})$ は証明可能である．

(2) この証明は明らかである．任意の $k \neq m$ に対して，$F(\overline{n}, \overline{k})$ は $\mathscr{S}$ で反証可能である．よって，$G(\overline{n}, \overline{k})$ は $\mathscr{S}$ で反証可能である（なぜなら，$G(\overline{n}, \overline{k}) \supset F(\overline{n}, \overline{k})$ が証明可能だから）．

(3) 最初に論理式 $G(\overline{n}, y) \supset y \leq \overline{m}$ が証明可能であることを示す．まず，

$$G(\overline{n}, y) \supset \forall z(F(\overline{n}, z) \supset y \leq z)$$

は明らかに証明可能であり，よって，

$$G(\overline{n}, y) \supset \forall z(F(\overline{n}, \overline{m}) \supset y \leq \overline{m})$$

も証明可能である．$F(\overline{n}, \overline{m})$ が証明可能であることから，命題論理により，$G(\overline{n}, y) \supset y \leq \overline{m}$ は証明可能である．

次に，$k < m$ であれば，$G(\overline{n}, \overline{k})$ は反証可能であり（なぜなら，$F(\overline{n}, \overline{k})$ が反証可能だから），$k = m$ であれば，$\overline{k} = \overline{m}$ が証明可能であることから，任意の $k \leq m$ に対して，文 $G(\overline{n}, \overline{k}) \supset \overline{k} = \overline{m}$ は証明可能である．よって，Ω_4 により，

$$y \leq \overline{m} \supset (G(\overline{n}, y) \supset y = \overline{m})$$

は証明可能である．また，すでに示したように，$G(\overline{n}, y) \supset y \leq \overline{m}$ は証明可能であり，よって，$G(\overline{n}, y) \supset y = \overline{m}$ は証明可能である．したがって，

$$\forall y(G(\overline{n}, y) \supset y = \overline{m})$$

は証明可能である．

公理スキーマ Ω_4 と Ω_5 のすべての論理式が ($\mathscr{R}$) で証明可能であり，すべての帰納的関数が ($\mathscr{R}$) で弱く定義可能であることから，この補助定理により，すべての帰納的関数は ($\mathscr{R}$) で強く定義可能である．以上から，定理 3 は証明された．

126   第 VIII 章　定義可能性と対角化

命題 3　任意の関数 $f(x_1, \cdots, x_n)$ に対して，関係：

$$f(x_1, \cdots, x_n) = x_{n+1}$$

が Σ_1 関係であれば，関数 $f(x_1, \cdots, x_n)$ は帰納的である．

［証明］　関係 $f(x_1, \cdots, x_n) = x_{n+1}$ を Σ_1 関係とする．このとき，関係 $f(x_1, \cdots, x_n) \neq x_{n+1}$ もまた Σ_1 関係である．なぜなら，この関係は

$$\exists y (f(x_1, \cdots, x_n) = y \wedge y \neq x_{n+1})$$

と同値であるからである．［この条件は明らかに Σ 関係であり，すべての Σ 関係は Σ_1 関係である．］

　対角関数　対角関数 $d(x)$ は，Σ_1 関係である．よって，命題 3 により，帰納的関数でもある．そこで，定理 3（および，ある体系で強く定義可能な関数は，その体系の拡張でも強く定義可能であるという事実）により，次の命題を得ることができる．

　命題 4　対角関数 $d(x)$ は，$(\mathscr{R})$ のすべての拡張で強く定義可能である．

§4. ゲーデル文と不動点

　任意の式 X に対して，X のゲーデル数を表す数項を $\overline{X}$ と定義する．よって，任意の論理式 $F(v_1)$ と任意の式 X に対して，X のゲーデル数を x とすると，$F(\overline{X})$ は $F(\overline{x})$ となる．

　文 $X \equiv F(\overline{X})$ が体系 $\mathscr{S}$ で証明可能であるとき，文 X を論理式 $F(v_1)$ の（$\mathscr{S}$ における）**不動点**と呼ぶ．

　定理 4　対角関数 $d(x)$ が体系 $\mathscr{S}$ で強く定義可能であれば，すべての論理式 $F(v_1)$ は $\mathscr{S}$ において不動点を持つ．

［証明］　対角関数 $d(x)$ が $\mathscr{S}$ で強く定義可能であると仮定し，v_1 を自由変数とする任意の論理式を $F(v_1)$ とおく．定理 2 より，任意の数 n に対して，$H(\overline{n}) \equiv$

$F(\overline{d(n)})$ を $\mathscr{S}$ で証明可能にする論理式 $H(v_1)$ が存在する．よって，$H(v_1)$ のゲーデル数を h とおくと，$H(\overline{h}) \equiv F(\overline{d(h)})$ は $\mathscr{S}$ で証明可能となる．したがって，$H[\overline{h}] \equiv F(\overline{d(h)})$ も $\mathscr{S}$ で証明可能である（$H[\overline{h}] \equiv H(\overline{h})$ は，論理的に妥当だから）．ここで，$d(h)$ は $H[\overline{h}]$ のゲーデル数であり，文 $H[\overline{h}]$ を X とおけば，$X \equiv F(\overline{X})$ は $\mathscr{S}$ で証明可能である．

系 1 体系 $(\mathscr{R})$ の任意の拡張 $\mathscr{S}$ において，すべての論理式 $F(v_1)$ は $\mathscr{S}$ で不動点を持つ．

ゲーデル文と不動点 第 II 章では，集合 A が文 X のゲーデル数を含むとき，そしてそのときに限って X が真であるならば，X を A のゲーデル文と定義した．より一般的には，集合 A が文 X のゲーデル数を含むとき，そしてそのときに限って X が $\mathscr{S}$ で証明可能であるならば，X を **$\mathscr{S}$ における A のゲーデル文**と呼ぶ．よって，第 II 章の定義によれば，X が完全理論 $\mathscr{N}$ において A のゲーデル数であれば，X は A のゲーデル文ということになる．

体系 $\mathscr{S}$ において表現可能なすべての集合 A に対して，関数 $f^{-1}(A)$ が $\mathscr{S}$ で表現可能であるとき，$f(x)$ を $\mathscr{S}$ で**採択可能**という．次の定理（第 II 章の定理 1 の一般化）は，仮定と結論がともに弱められ（続く解説を参照），上記の定理 4 を強化するものである．

定理 5 対角関数 $d(x)$ が体系 $\mathscr{S}$ で採択可能であれば，$\mathscr{S}$ で表現可能なすべての集合 A に対して，A のゲーデル文が存在する．

[証明] 読者に試みてほしい（第 II 章の定理 1 参照）．

[解説] 定理 2 の系（1）により，$f(x)$ が $\mathscr{S}$ で強く定義可能であれば，$f(x)$ は $\mathscr{S}$ で採択可能である．よって，定理 4 の仮定は，定理 5 の仮定よりも強い．また，定理 4 の結論も定理 5 の結論よりも強いのだが，これは次のように考えるとよくわかる．体系 $\mathscr{S}$ において $F(v_1)$ に表現される集合のゲーデル文を X と呼ぶことは，$F(\overline{X})$ が $\mathscr{S}$ で証明可能であるとき，そしてそのときに限って X が $\mathscr{S}$ で証明可能であるということに等しい．[なぜか？] 同様に，X が $F(v_1)$ の**不動点**であるということは，$X \equiv F(\overline{X})$ が $\mathscr{S}$ で実際に証明可能であるということに等しい．し

たがって，$F(v_1)$ の不動点は，自動的に，$\mathscr{S}$ で $F(v_1)$ に表現される集合のゲーデル文と同値となる．

問題 5 ［ゲーデルの証明の変形］ 体系 $\mathscr{S}$ において，集合 P^* ではなく，P を枚挙する論理式を $F(x,y)$ とおき，論理式 $\forall y{\sim}F(x,y)$ の不動点を X とおく．このとき，$\mathscr{S}$ が無矛盾であれば X は $\mathscr{S}$ で証明可能ではなく，$\mathscr{S}$ が ω 無矛盾であれば，X は $\mathscr{S}$ で反証可能ではないことを証明せよ．この事実は，体系 $\mathscr{P}.\mathscr{A}.$ が ω 無矛盾であれば $\mathscr{P}.\mathscr{A}.$ が不完全であることを示す上で，どのように用いられるだろうか？

問題 6 ［ロッサーの証明の変形］ $\mathscr{S}$ を $\Omega_4 \cdot \Omega_5$ 拡張とし，$F(x,y)$ は $\mathscr{S}$ において P を枚挙し，$G(x,y)$ は $\mathscr{S}$ において R を枚挙するものとする．このとき，

$$\forall y(F(x,y) \supset (\exists z \leq y)G(x,z))$$

の任意の不動点は，$\mathscr{S}$ で決定不可能であることを証明せよ（$\mathscr{S}$ は単純無矛盾とする）．

問題 7 より一般的に，体系 $\mathscr{S}$ において集合 P と互いに素で R を含む集合を表現する論理式を $H(x)$ とおくと，$H(x)$ の任意の不動点は $\mathscr{S}$ で決定不可能であることを証明せよ．［この証明に公理スキーマ Ω_4 と Ω_5 を用いる必要はない．］

問題 8 ［タルスキーの定理の変形］ 体系 $\mathscr{S}$ が無矛盾であり，対角関数 $d(x)$ が $\mathscr{S}$ で強く定義可能であれば，集合 P は $\mathscr{S}$ で定義可能でないことを証明せよ．

§5. 真 理 述 語

すべての文 X に対して，文 $X \equiv T(\overline{X})$ が $\mathscr{S}$ で証明可能であるとき，論理式 $T(v_1)$ は $\mathscr{S}$ の**真理述語**と呼ばれる．

次の 2 つのタルスキー的な定理は，非常に強い帰結といえる．

定理 6 体系 $\mathscr{S}$ が正確（つまり $\mathscr{N}$ の部分系）であれば，$\mathscr{S}$ に対する真理述語

は存在しない.

[証明] すべての文 X に対して，文 $X \equiv T(\overline{X})$ を $\mathscr{S}$ で証明可能にする論理式 $T(v_1)$ が存在すると仮定する．これに加えて，$\mathscr{S}$ が正確であれば，任意の文 X に対して，$X \equiv T(\overline{X})$ は真でなければならない．したがって，$T(\overline{X})$ が真であるとき，そしてそのときに限って，X は真であることになる．つまり，論理式 $T(v_1)$ は真である文のゲーデル数の集合を**言及する**ことになり，$\mathscr{L}_{\mathrm{A}}$ におけるタルスキーの定理に矛盾する．

定理 7 体系 $\mathscr{S}$ が単純無矛盾であり，対角関数が $\mathscr{S}$ で強く定義可能であれば，$\mathscr{S}$ の真理述語は存在しない.

[証明] 対角関数 $d(x)$ が $\mathscr{S}$ で強く定義可能であり，$\mathscr{S}$ が真理述語 $T(v_1)$ を持つと仮定する．そこで，定理 4 により，$X \equiv {\sim}T(\overline{X})$ を証明可能にする文 X（すなわち，${\sim}T(v_1)$ の不動点）が存在する．しかし，$X \equiv T(\overline{X})$ は $\mathscr{S}$ で証明可能である（なぜなら，$T(v_1)$ は真理述語だから）．よって，$T(\overline{X}) \equiv {\sim}T(\overline{X})$ が $\mathscr{S}$ で証明可能であることになり，$\mathscr{S}$ は矛盾する．

第IX章

無矛盾性の証明不可能性

ゲーデルの第2不完全性定理を要約すると，「ペアノ算術が無矛盾であれば，ペアノ算術は自己の無矛盾性を証明できない」と言い換えることができる．［第2不完全性定理の厳密な形式化は，この章で与える．］この定理は，さまざまな方法で一般化され，抽象化されてきたが，現代のメタ数学で基本的な研究対象となっているのが，**証明可能述語**である．この章では，この述語の意義を証明する．

§1. 証明可能述語

体系 $\mathscr{S}$ のすべての文 X と Y に次の3つの条件が成立するとき，論理式 $P(v_1)$ は $\mathscr{S}$ の**証明可能述語**と呼ばれる．

P_1：文 X が $\mathscr{S}$ で証明可能であれば，$P(\overline{X})$ も $\mathscr{S}$ で証明可能である．

P_2：文 $P(\overline{X \supset Y}) \supset (P(\overline{X}) \supset P(\overline{Y}))$ は，$\mathscr{S}$ で証明可能である．

P_3：文 $P(\overline{X}) \supset P(\overline{P(\overline{X})})$ は，$\mathscr{S}$ で証明可能である．

体系 $\mathscr{P.A.}$ の集合 P を言及する Σ_1 論理式を，$P(v_1)$ とおく．ω 無矛盾性を仮定すると，$P(v_1)$ は，$\mathscr{P.A.}$ で P を表現することになる．より弱い単純無矛盾性を仮定すると，$P(v_1)$ が表現するのは，ある P の**上位集合**としか判断できないが，それでも，X が $\mathscr{P.A.}$ で証明可能であれば，$P(\overline{X})$ も $\mathscr{P.A.}$ で証明可能であることを導くには十分である．よって，条件 P_1 は成立する．

条件 P_2 について，文 $P(\overline{X \supset Y}) \supset (P(\overline{X}) \supset P(\overline{Y}))$ は明らかに真である．[この文は，命題「$X \supset Y$ と X がともに $\mathscr{P}.\mathscr{A}.$ で証明可能であれば，Y も $\mathscr{P}.\mathscr{A}.$ で証明可能である」と同値であり，モドゥスポネンスが $\mathscr{P}.\mathscr{A}.$ の推論規則であることから，明らかに真である．]この議論を形式化して，この文が真であるばかりでなく，$\mathscr{P}.\mathscr{A}.$ で証明可能であることを示すことは，困難ではない．

条件 P_3 について，文 $P(\overline{X}) \supset P(\overline{P(\overline{X})})$ は，もちろん真である．[この文は，命題「X が証明可能であれば，$P(\overline{X})$ も証明可能である」と同値である．なぜなら，$P(\overline{X})$ が真であるとき，そしてそのときに限って，X は証明可能であり，$P(\overline{P(\overline{X})})$ が真であるとき，そしてそのときに限って，$P(\overline{X})$ は証明可能であるためである．]よって，この文の**真理性**は，条件 P_1 に還元されることになる．この文は，真であるばかりでなく，$\mathscr{P}.\mathscr{A}.$ で証明可能でさえあるのだが，この事実を証明するためには大変な努力が必要であり，本書でカバーすることはできない．この事実は，任意の Σ_1 文 Y に対して，$Y \supset P(\overline{Y})$ が $\mathscr{P}.\mathscr{A}.$ で証明可能であるという重要な帰結の特別な場合に相当する．この証明については，Boolos [1979] の第 2 章を参照してほしい．体系 $\mathscr{P}.\mathscr{A}.$ に類似した体系の詳細な解説については，Hilbert-Bernays [1934-39] を，また，有益な議論のためには，Shoenfield [1967] を参照してほしい．

さて，以降は特に表記しない限り，$P(v_1)$ を $\mathscr{S}$ の証明可能述語とする．証明可能述語は，任意の文 X, Y, Z に対して，次の性質を持つ．

　P_4：文 $X \supset Y$ が $\mathscr{S}$ で証明可能であれば，$P(\overline{X}) \supset P(\overline{Y})$ も $\mathscr{S}$ で証明可能である．

　P_5：文 $X \supset (Y \supset Z)$ が $\mathscr{S}$ で証明可能であれば，$P(\overline{X}) \supset (P(\overline{Y}) \supset P(\overline{Z}))$ も証明可能である．

　P_6：文 $X \supset (P(\overline{X}) \supset Y)$ が $\mathscr{S}$ で証明可能であれば，$P(\overline{X}) \supset P(\overline{Y})$ も $\mathscr{S}$ で証明可能である．

[証明]

　P_4：文 $X \supset Y$ が $\mathscr{S}$ で証明可能であれば，$P(\overline{X \supset Y})$ も $\mathscr{S}$ で証明可能である（条件 P_1 による）．よって，$P(\overline{X}) \supset P(\overline{Y})$ も $\mathscr{S}$ で証明可能である（条件 P_2 とモドゥスポネンスによる）．

　P_5：文 $X \supset (Y \supset Z)$ が $\mathscr{S}$ で証明可能であれば，

$$P(\overline{X}) \supset P(\overline{Y \supset Z})$$

も $\mathscr{S}$ で証明可能である（条件 P_4 による）．また，

$$P(\overline{Y \supset Z}) \supset (P(\overline{Y}) \supset P(\overline{Z}))$$

も $\mathscr{S}$ で証明可能である（条件 P_2 による）．よって，命題論理により，$P(\overline{X}) \supset P(\overline{Y}) \supset P(\overline{Z})$ も $\mathscr{S}$ で証明可能である．

P_6：文 $X \supset (P(\overline{X}) \supset Y)$ が $\mathscr{S}$ で証明可能であれば，

$$P(\overline{X}) \supset (P(\overline{P(\overline{X})}) \supset P(\overline{Y}))$$

も $\mathscr{S}$ で証明可能である（条件 P_5 による）．また，$P(\overline{X}) \supset P(\overline{P(\overline{X})})$ も $\mathscr{S}$ で証明可能である．よって，命題論理により，$P(\overline{X}) \supset P(\overline{Y})$ も $\mathscr{S}$ で証明可能である．

上記の条件 P_1 と P_6 は，この章で重要な役割を果たす．

体系 $\mathscr{S}$ に対して，すべての論理式 $F(v_1)$ が（$\mathscr{S}$ において）不動点を持つとき，$\mathscr{S}$ は **対角化可能** と呼ばれる．体系 $\mathscr{P}.\mathscr{A}.$ は，$(\mathscr{R})$ の拡張であることから，第 VIII 章の定理 4 の系により，$\mathscr{P}.\mathscr{A}.$ は対角化可能である．次の小節では，対角化可能体系の証明可能述語について考察する．

§2. 無矛盾性の証明不可能性

体系 $\mathscr{S}$ の証明可能述語を $P(v_1)$ とする．

定理 1　体系 $\mathscr{S}$ が無矛盾であり，論理式 $\sim P(v_1)$ の不動点が G であれば，G は $\mathscr{S}$ で証明可能でない．

［証明］　仮定から，$G \equiv \sim P(\overline{G})$ は，$\mathscr{S}$ で証明可能である．ここで，G が $\mathscr{S}$ で証明可能であると仮定すると，$\sim P(\overline{G})$ と $P(\overline{G})$ は，ともに $\mathscr{S}$ で証明可能であることになり（条件 P_1 による），$\mathscr{S}$ は矛盾する．したがって，$\mathscr{S}$ が無矛盾であれば，G は $\mathscr{S}$ で証明可能でない．

無矛盾文　任意の論理的矛盾文（$X \wedge \sim X$ のような文）および $\mathscr{S}$ で反証可能な文（体系 $\mathscr{P}.\mathscr{A}.$ の代表的な文は，$(\overline{0} = \overline{1})$）を「$f$」とおき，$\sim P(\overline{f})$ を文 **consis** とおく．

さて，$P(v_1)$ が $\mathscr{S}$ の「正確な」証明可能述語であれば（つまり，$P(v_1)$ が集合 P を言及すれば），f が $\mathscr{S}$ で証明可能でない（つまり，$\mathscr{S}$ が無矛盾である）とき，そしてそのときに限って，文 **consis** は真となる．したがって，文 **consis** は，$\mathscr{S}$ の無矛盾性を「言及する」算術的文と考えられる．ただし，次の2つの定理は，$P(v_1)$ が $\mathscr{S}$ の**正確な**証明可能述語であるという仮定を用いずに証明することができる．つまり，$P(v_1)$ は，$\mathscr{S}$ の証明可能述語でさえあればよいのである．

次の定理2は，ゲーデルの第2不完全性定理の証明の中心的な鍵となる補助定理である．

定理2 論理式 $\sim P(v_1)$ の不動点が G であれば，文 **consis** $\supset G$ は，$\mathscr{S}$ で証明可能である．

［証明］ 仮定から，$G \equiv \sim P(\overline{G})$ は $\mathscr{S}$ で証明可能である．ここで，f が $\mathscr{S}$ で反証可能な文であることから，$\sim P(\overline{G}) \equiv (P(\overline{G}) \supset f)$ は，$\mathscr{S}$ で証明可能である．よって，$G \equiv (P(\overline{G}) \supset f)$ は $\mathscr{S}$ で証明可能であり，特に $G \supset (P(\overline{G}) \supset f)$ が $\mathscr{S}$ で証明可能となる．そこで，条件 P_6 により，文 $P(\overline{G}) \supset P(\overline{f})$ は $\mathscr{S}$ で証明可能である．したがって，$\sim P(\overline{f}) \supset \sim P(\overline{G})$ は証明可能であり，$G \equiv \sim P(\overline{G})$ が証明可能であることから，$\sim P(\overline{f}) \supset G$ も証明可能である．ゆえに，文 **consis** $\supset G$ は，$\mathscr{S}$ で証明可能である．

定理1と定理2より，次の定理を導くことができる．

定理3 ［ゲーデルの第2不完全性定理の抽象形式］ 対角化可能な体系 $\mathscr{S}$ に対して，$\mathscr{S}$ が無矛盾であれば，文 **consis** は，$\mathscr{S}$ で証明可能でない．

［証明］ 対角化可能な体系を $\mathscr{S}$ とする．そこで，$G \equiv \sim P(\overline{G})$ が $\mathscr{S}$ で証明可能であるような文 G が存在し，定理2により，文 **consis** $\supset G$ は，$\mathscr{S}$ で証明可能である．ここで，文 **consis** が $\mathscr{S}$ で証明可能であると仮定すると，G は $\mathscr{S}$ で証明可能であることになり，定理1により，$\mathscr{S}$ は矛盾する（G は $\sim P(v_1)$ の不動点だから）．したがって，$\mathscr{S}$ が無矛盾であれば，文 **consis** は $\mathscr{S}$ で証明可能でない．

［解説］ 体系 $\mathscr{S}$ が $\mathscr{P}.\mathscr{A}.$ であり，$P(v_1)$ が集合 P を言及する Σ_1 論理式とすると，

文 consis は（$\mathscr{P.A.}$ の無矛盾性により）真であるにもかかわらず，$\mathscr{P.A.}$ では証明可能ではない．この帰結については，「ペアノ算術が無矛盾であれば，ペアノ算術は自己の無矛盾性を証明できない」と言い換えることができる．さて，残念なことに，この帰結が何を意味しているのかを十分に理解していない人々によって，大量のナンセンスが語られてきた．「ゲーデルの第2不完全性定理によって，人類は，算術が無矛盾か否かを永久に知ることができなくなった」という解説に出会ったことさえある．これは，大間違いである！　この解説がいかに馬鹿げているかを味わうために，文 consis が，$\mathscr{P.A.}$ で証明可能だと仮定してみよう．つまり，体系 $\mathscr{P.A.}$ は，自己の無矛盾性を証明することができると仮定してみるわけである．この仮定によって，体系の無矛盾性を十分に信頼することができるだろうか？　もちろん，答えはノーである！　仮に体系が矛盾していれば，その体系内ではすべての文（自己の無矛盾性を含めて）を証明することができる．任意の体系が自己の無矛盾性を証明することを理由に，その体系の無矛盾性を信頼することは，けっして嘘はつかないという発言を理由に，その発言者の信頼性を評価することと同様に馬鹿げている．事実，体系 $\mathscr{P.A.}$ は，無矛盾であれば，自己の無矛盾性を証明できない．しかし，この事実は，$\mathscr{P.A.}$ の無矛盾性に対して，合理的な疑問をもたらすものではない．

§3. ヘンキン文とレーブの定理

体系 $\mathscr{P.A.}$ に対する有名な問題が，Henkin［1952］によって提起された．体系 $\mathscr{P.A.}$ が対角化可能であることから，論理式 $P(v_1)$ には不動点が存在し，これは，$H \equiv P(\overline{H})$ が $\mathscr{P.A.}$ で証明可能であるような文 H である．そこで，$\sim P(v_1)$ の不動点（ゲーデル文 G）は，$\mathscr{P.A.}$ で証明可能でないとき，そしてそのときに限って真であり，ヘンキン文 H は，$\mathscr{P.A.}$ で証明可能であるとき，そしてそのときに限って真だということになる．よって，文 H は，$\mathscr{P.A.}$ で証明可能であると同時に真であるか，$\mathscr{P.A.}$ で証明可能でないと同時に偽でなければならない．どちらかを選択する方法はあるのだろうか？　この問題は，Löb［1955］によって解かれた．レーブは，$P(\overline{H}) \supset H$ の証明可能性（$P(\overline{H}) \equiv H$ の一部分）だけから，H の証明可能性を十分立証できることを示したのである．これが，次の定理である．

定理 4　［レーブの定理］　対角化可能な体系 $\mathscr{S}$ に対して，$P(v_1)$ を $\mathscr{S}$ の証明可

能述語とする．任意の文 Y に対して，文 $P(\overline{Y}) \supset Y$ が $\mathscr{S}$ で証明可能であれば，Y も $\mathscr{S}$ で証明可能である．

［証明］　文 $P(\overline{Y}) \supset Y$ が $\mathscr{S}$ で証明可能であるとする．体系 $\mathscr{S}$ が対角化可能であることから，論理式 $P(v_1) \supset Y$ の不動点 X が存在し，$X \equiv (P(\overline{X}) \supset Y)$ は $\mathscr{S}$ で証明可能である．よって，$X \supset (P(\overline{X}) \supset Y)$ は証明可能であり，条件 P_6 により，文 $P(\overline{X}) \supset P(\overline{Y})$ は証明可能である．一方，仮定より，$P(\overline{Y}) \supset Y$ が証明可能であることから，文 $P(\overline{X}) \supset Y$ が証明可能となる．しかし，$X \equiv (P(\overline{X}) \supset Y)$ と $P(\overline{X}) \supset Y$ が証明可能であれば，X も証明可能である．よって，$P(\overline{X})$ が証明可能であり（条件 P_1 より），$P(\overline{X}) \supset Y$ が証明可能であることから，Y も証明可能である．

　クライゼルは，ゲーデルの第 2 不完全性定理が，レーブの定理の系として簡単に導かれることを指摘した．文 **consis** が体系 $\mathscr{S}$ で証明可能であると仮定する．さて，文 **consis** は $\sim P(\overline{f})$ であり，よって，文 $P(\overline{f}) \supset f$ が $\mathscr{S}$ で証明可能となる．そこで，レーブの定理により，f は $\mathscr{S}$ で証明可能となる．つまり，$\mathscr{S}$ は矛盾する！

　また，クリプキは，レーブの定理が，ゲーデルの第 2 不完全性定理（$\mathscr{S}$ と $\mathscr{S}$ の拡張に対する）の系として導かれることを示した．［Boolos-Jeffrey［1980］の第 16 章参照.］

　最近では，対角化可能体系の証明可能述語の問題は，様相論理と融合して研究されるようになっている．この融合は，非常に効果的な結果を生み出している．Boolos［1979］は，この話題に関する優れた研究であり，読者にはこの章に続いてぜひ読んでいただきたい．

　問題 1　以下の問題では，体系 $\mathscr{S}$ の証明可能述語を $P(v_1)$ とおく．
　　文 $X \supset (P(\overline{X}) \supset Y)$ が $\mathscr{S}$ で証明可能であれば，

$$(P(\overline{Y}) \supset Y) \supset (P(\overline{X}) \supset Y)$$

　も $\mathscr{S}$ で証明可能であることを証明せよ．

　問題 2　文 $X \equiv (P(\overline{X}) \supset Y)$ が $\mathscr{S}$ で証明可能であれば，

§3. ヘンキン文とレーブの定理　　　　137

$$(P(\overline{Y}) \supset Y) \supset X$$

も $\mathscr{S}$ で証明可能であることを証明せよ.

問題3　定理2は，問題3の特別な場合となることを証明せよ.

問題4　任意の文 X に対して，

$$\sim P(\overline{X}) \supset \mathbf{consis}$$

が $\mathscr{S}$ で証明可能であることを証明せよ.

問題5　定理2の仮定に基づいて，

$$\mathbf{consis} \equiv G$$

が $\mathscr{S}$ で証明可能であることを証明せよ.

問題6　$X \equiv Y$ が $\mathscr{S}$ で証明可能であれば，

$$P(\overline{X}) \equiv P(\overline{Y})$$

も $\mathscr{S}$ で証明可能であることを証明せよ.

問題7　$\mathscr{S}$ が対角化可能であれば，

$$\mathbf{consis} \supset \sim P(\overline{\mathbf{consis}})$$

が $\mathscr{S}$ で証明可能であることを証明せよ.

問題8　$\mathscr{S}$ が無矛盾で対角化可能であれば，どの文 X に対しても，$\sim P(\overline{X})$ が $\mathscr{S}$ で証明可能ではないことを証明せよ.

第 X 章

証明可能性と真理性に関する一般概念

　ここまでに，ペアノ算術に対して，3種類の異なる不完全性定理の証明を与えてきた．第1の証明はタルスキーの真理集合を用い，第2のゲーデルの証明はω無矛盾性の仮定に基づき，第3のロッサーの証明は単純無矛盾性の仮定に基づく証明であった．

　これらの証明は，それぞれ次のように一般化することができる．

1. 完全理論 $\mathscr{N}$ の公理化可能な部分系は，不完全である．

2. すべての真である Σ_0 文が証明可能であるような ω 無矛盾な公理化可能体系は，不完全である．

3. 体系 $(\mathscr{R})$ の単純無矛盾で公理化可能な拡張は，不完全である．

　これらの3種類の証明の中でも，最初の証明はずば抜けて簡潔であり，この方法がなぜ多くのテキストで用いられないのか不思議である．もちろん，この証明が算術上で形式化できない（真理集合は，算術において言及可能でない）点については，批判に甘んじなければならない．しかし，少し後で検討するアスカナスの定理を考慮すると，この批判さえも保留すべきかもしれない．

　帰納法と ω 規則　数学的帰納法の公理スキーマが，実際には数学的帰納法のパワーを十分に表現していない以上，ペアノ算術が不完全であることは，それほど驚くべきことではない．数学的帰納法の本質的な原理は，**任意の自然数の集合 A に**

対して，もし A が 0 を含み，後続関数のもとで閉じていれば（このような A は，**帰納的集合**と呼ばれる），A がすべての自然数を含むということである．さて，自然数の集合は非可算無限個存在するが，言語 $\mathscr{L}_A$ は可算無限個の論理式しか含まず，よって，$\mathscr{L}_A$ の**言及可能な**集合も可算無限個しか存在しない．したがって，$\mathscr{P.A.}$ の帰納法の形式的な公理スキーマが保証するのは，すべての**言及可能な**集合 A に対して，もし A が帰納的であれば，A がすべての自然数を含むということにすぎない．

数学的帰納法の原理を十分に表現するためには，集合・関係変数によって，自然数の集合と関係を量化することのできる 2 階算術が必要となる．そこで，次のような単一の論理式：

$$\forall A((A\overline{0} \wedge \forall v_1(Av_1 \supset Av_1')) \supset \forall v_1 Av_1)$$

によって，本質的な数学的帰納法の原理を表現することができるわけである．

読者は，このような 2 階論理上にペアノの公理を展開する体系が，完全かどうか疑問に思われることだろう．答えは，ノーである．なぜなら，数学的帰納法は **2 階算術**においては十分に表現されるが，その根底の論理（2 階論理）自体は，公理化可能ではない．つまり，2 階論理の妥当な論理式のゲーデル数の集合は，Σ_1 関係ではないのである．［この点の詳細な議論については，Boolos-Jeffrey [1980] 参照.］

1 階算術に戻って，体系 $\mathscr{P.A.}$ に，「任意の論理式 $F(v_i)$ に対して，無限個の仮定 $F(\overline{0})$，$F(\overline{1})$，$\cdots$，$F(\overline{n})$，$\cdots$ から $\forall v_1 F(v_1)$ を導くことができる」という推論規則（ω 規則として知られるが，**タルスキーの規則**や**カルナップの規則**と呼ばれることもある）を加えたとする．この体系を，$\mathscr{P.A.}^+$ と呼ぶことにしよう．ゲーデル文 G は，$\mathscr{P.A.}^+$ で証明可能である（なぜなら，G は，そのすべての代入例が $\mathscr{P.A.}$ において証明可能であるような全称文だから）．実際，すべての真である文が $\mathscr{P.A.}^+$ において証明可能であり，$\mathscr{P.A.}^+$ が完全であることを理解するのは，それほど困難ではない．それでは，なぜ $\mathscr{P.A.}$ ではなく $\mathscr{P.A.}^+$ を公理体系として採用しないのか？ その答えは，それが人間やコンピューターのような有限の存在が扱うことのできる体系ではないからである．$\mathscr{P.A.}^+$ の証明は，（場合によっては）無限長になってしまう．

それでは，$\mathscr{P.A.}$ に，「任意の論理式 $F(v_1)$ に対して，そのすべての代入例が $\mathscr{P.A.}$ において**証明可能**であれば，$\forall v_1 F(v_1)$ を推論できる」という，より弱い推

論規則を加えたらどうだろう．この体系においては，ゲーデル文 G は事実証明可能となるが，体系自体は公理化可能である．したがって，この体系内には，証明不可能な，別のゲーデル文 G_1 を発見できることになる．

[この規則をより正確に表現するためには，任意の論理式 $F(v_1)$ に対して，$F(\bar{n})$ を $\mathscr{P}.\mathscr{A}.$ で証明可能にするすべての数 n の集合を言及する Σ_1 論理式 $F^*(v_1)$ を対応させればよい．そこで，公理スキーマ：

$$\forall v_1 F^*(v_1) \supset P(\overline{\forall v_1 F(v_1)})$$

を加えるわけである．]

要約すると，$\mathscr{N}$ が公理化不可能だという事実から逃れる方法はない．したがって，$\mathscr{N}$ の公理化可能なすべての部分系は，不完全なのである．

算術の真理性に関する論評

1. 任意の数 n に対して，次数が n 以下のすべての真である文のゲーデル数の集合を T_n とおく．そこで，（すべての真である文のゲーデル数の）集合 T は，集合 T_0, T_1, $\cdots$, T_n, $\cdots$ の和集合となる．すでに，集合 T が算術的でないことは明らかであるにもかかわらず，それぞれの n に対する集合 T_n は算術的である．[任意の数 n に対して，次数が n 以下のすべての偽である文のゲーデル数の集合を F_n とおく．集合 T_0 と F_0 を言及する論理式 $T_0(v_1)$ と $F_0(v_1)$ を構成することは，困難ではない．そこで，集合 T_n と F_n を言及する論理式 $T_n(v_1)$ と $F_n(v_1)$ に対して，集合 T_{n+1} と F_{n+1} をそれぞれ言及する論理式 $T_{n+1}(v_1)$ と $F_{n+1}(v_1)$ を構成することも困難ではない．詳細な方法は，Boolos-Jeffrey [1980] の第 19 章参照.]

2. 体系 $\mathscr{P}.\mathscr{A}.$ に，1 座の述語変数を加えることにしよう．[よって，原子論理式は，任意の項 t に対する論理式 Mt と，$\mathscr{L}_A$ の原子論理式になる.] 文 $O(M)$ を，M を自由な述語変数として含む閉じた論理式とする（すべての個体変数 v_i は，束縛されている）．文 $O(M)$ 自体は，真でも偽でもないが，「M」が自然数の集合の名称と解釈される場合には，真または偽になる．このとき，「M」が集合 T の名称として解釈されるときには $J(M)$ が真であり，他の解釈のもとでは偽であるように，論理式 $J(M)$ を構成することは困難ではない．[この証明は，Boolos-Jeffrey [1980] の第 19 章にあるが，読者に試みてほしい.] このことから，集合 T は 1 階算術では言及可能でない（タルスキーの定理）にもかかわらず，2 階算術においては言及可能であることがわかる．事実，

$$\exists M(J(M) \land Mv_1)$$

（または $\forall M(J(M) \supset Mv_1)$）によって言及可能である．

3. **アスカナスの定理**　ここで，1個の自由変数 v_1 を含む論理式 F について，各変数 v_i に対して，$J(M)$ におけるすべての Mv_i の出現を $F(v_i)$ で置き換えることにする．そこで，「$F(v_1)$ が集合 T を言及する」という命題を言及する算術的文 $J(F)$ を得ることができる．しかし，タルスキーの定理により，集合 T を言及する論理式 $F(v_1)$ は存在しない．よって，すべての論理式 $F(v_1)$ に対して，文 $J(F)$ は偽であり，文 $\sim J(F)$ は真である．アスカナスの定理によれば，すべての論理式 F に対して，文 $\sim J(F)$ は，真であるばかりでなく，ペアノ算術で証明可能でもある．[Askanas [1975] 参照.] つまり，この意味では，タルスキーの定理は，T が算術的でないにもかかわらず，1階算術上で形式化することができるのである．[おおまかに言えば，アスカナスの定理がタルスキーの定理にもたらす帰結は，ゲーデルの第2不完全性定理が第1不完全性定理にもたらす帰結と同じである．]

　第 III 章の問題では，$\mathscr{P.A.}$ の証明可能な文のゲーデル数の集合を言及する算術的な論理式 $P_s(v_1)$ を求める方法を示した．[問題では，体系 $\mathscr{P.E.}$ に対する方法を示したが，体系 $\mathscr{P.A.}$ への修正は明らかであろう．] そこで，アスカナスの定理により，文 $\sim J(P_s)$ は $\mathscr{P.A.}$ で証明可能である．この文は，$\mathscr{P.A.}$ の証明可能な文の集合が真である文の集合と異なるとき，そしてそのときに限って，真となる．したがって，$\mathscr{P.A.}$ が正確であるという仮定により，真であるにもかかわらず $\mathscr{P.A.}$ で証明不可能な文が存在することを導くことになる．この方法は，ゲーデル・タルスキーの不完全性定理の証明の変形だが，$\sim J(P_s)$ が真であるにもかかわらず，実際に $\mathscr{P.A.}$ で証明可能であることを示す点では，利点を持っている．

　問題（2階述語論理を御存知の読者へ）　1階算術で言及可能な多くの関係は，2階算術ではより簡単に表現することができる．たとえば，本書ではべき乗の関係 $x^y = z$ が加法と乗法を用いて（1階算術で）言及可能であることを示すために労力を費やした．[このために，有限列補助定理またはベータ関数が必要になった．] しかし，2階算術においては，次の方法で簡単に表現することができる．

　　関数（集合または関係と同様に）を変数として含む2階算術を考察する．2変数関数を「f」とおき，$E(f)$ を文：

$$\forall v_1 f(v_1, \overline{0}) = \overline{1} \wedge \forall v_1 \forall v_2 (f(v_1, v_2{}') = f(v_1, v_2) \cdot v_1)$$

とおく.

1. 関数 f がべき乗 x^y と解釈されるとき,文 $E(f)$ は真であり,f がそれ以外の関数と解釈されるとき,文が偽となることを証明せよ.

2. 2 階論理式:

$$\exists f(E(f) \wedge f(v_1, v_2) = v_3)$$

が関係 $x^y = z$ を言及することを証明せよ.また,

$$\forall f(E(f) \supset f(v_1, v_2) = v_3)$$

についても同様に証明せよ.

第XI章

自己言及体系

この章では，第X章まで数学的な形式を用いて表現してきたゲーデル，ロッサー，レーブの証明が，どのような基本的な概念に基づいているのかを振り返る．これらの概念を総合することによって，理解をいっそう深めることができるはずである．

最初に，論理パズル（大部分は，Smullyan［1987］の形式に準じる）によって，これらの概念を紹介する．次に，**証明可能体系**と呼ばれる抽象体系を構成して，これらの概念を，より一般的に表現する．最後に，これらの概念と密接に関わる様相論理の公理体系について簡単にふれよう．

I. 自己について推論する論理学者

以下で取り組む論理パズルでは，証明可能性の役割を**信念**が果たしている．ある数学的体系と，その体系で証明可能な文について考察する代わりに，ある論理学者（場合によっては**推論者**と呼ばれる）と，その論理学者が信じる命題について考察するわけである．応用価値は別として，このような「認知的」不完全性定理は，人工知能関連の研究者にも興味を引き起こすだろう．

146   第 XI 章　自己言及体系

§1. タルスキー・ゲーデルの定理の類推

　ナイトとネイブの島を訪ねることにしよう. **ナイト**（騎士）の発言はすべて真で
あり, **ネイブ**（ならず者）の発言はすべて偽である. この島のすべての住人は, ナ
イトかネイブのどちらかであるとする. よって, この島の住人が, 「私はナイトで
ない」と言うことは不可能である（ナイトはけっして嘘をつかないし, ネイブはけ
っして本当のことを言わないから）.
　ある日, 1人の論理学者がこの島を訪れ, 1人の住人と出会った. この論理学者
について知られているのは, 彼が自分の信念について完全に正確である（つまり,
けっして嘘を信じない）ことのみである. 住人が X と発言したところ, この論理
学者は, 住人がナイトだと信じることも, ネイブだと信じることもできなくなっ
た.

　例題 1　どのような発言 X が, この状況を成立させるだろうか？

[解答]　可能な解答の1つは, 「あなたは, 私がナイトであると信じない」という
住人の発言である. もし住人がネイブであれば, 彼の発言は偽である. そこで, 論
理学者は, 住人がナイトだと信じることになるが, この信念は, 論理学者がけっし
て嘘を信じないという仮定に反している. よって, 住人はナイトでなければならな
い. しかし, 住人がナイトであれば, 彼の発言は真である. よって, 論理学者は,
住人がナイトだと信じないことになる. さらに, 住人がナイトであれば, 論理学者
は真である発言しか信じないのだから, 論理学者が住人をネイブだと信じることも
できない. したがって, 論理学者は, 住人がナイトかネイブかを永遠に決定するこ
とができない.

[解説]　ナイトとネイブの島の機能が, （住人が指示句「私」を使うことによって）
「単純な」不動点を与えていることに注意してほしい. さて, 以下に続くすべての
例題には, 1人の論理学者と1人の住人が登場する. ここで, 「住人はナイトであ
る」という命題を k とおく. よって, 住人が命題 p を発言するとき, 命題 $k \equiv p$
は真でなければならない. [住人がナイトであれば p は真でなければならず, p が
真であれば住人はナイトでなければならない.] 任意の命題 p に対して, 「論理学
者は, 遅かれ早かれ p を信じる」という命題を Bp とおく. 例題1において, 住人

は〜Bk（あなたは，私がナイトであると信じない）と発言し，よって，命題 $k \equiv$ 〜Bk は真となる．実際には，**任意の命題 q に対して，命題 $q \equiv$ 〜Bq が真であり，** 論理学者がけっして偽を信じないならば，論理学者は，q と信じることも，〜q と信じることも不可能となる．この場合，q は真であるにもかかわらず，論理学者は，けっして q を信じることができないわけである．

§2. 正常型かつ安定型の 1 型推論者

例題 1 では，論理学者が実際に住人の発言を聞いたかどうかは無関係であった．仮に，論理学者（ロバートと呼ぼう）が，ナイトとネイブの島から数千マイル離れた場所にいて，島の住民が「ロバートは，私がナイトであると信じない」と発言した場合でも，ロバートが自分の信念について正確である限り，住人がナイトであるとも，ネイブであるとも信じることができない．しかし，次の例題では，推論者が実際に島で住人の発言を聞いているという仮定が必要となる．さらに，推論者は，ナイトの発言はすべて真であり，ネイブの発言はすべて偽であり，住人はナイトかネイブのどちらかであると**信じている**と仮定する．よって，「住人がナイトである」という命題を k とおき，住人が推論者に対して命題 p と発言すれば，推論者は，命題 $k \equiv p$ を信じることになる．

以下で扱う例題において，ナイトの発言が実際にすべて真であり，ネイブの発言が実際にすべて偽であるという前提は，本質的には，もはや不必要である．必要となるのは，推論者がその前提を信じる，という仮定にすぎない．つまり，推論者が何を信じるかという点のみが関連し，真理性の概念はもはや無関係となる．［タルスキー・ゲーデルの議論から，ゲーデル・ロッサーの議論に移っていることに注意してほしい．］くり返すが，重要なのは，住人が命題 p と発言するとき，推論者は $k \equiv p$ を信じるということである．

1 型の推論者　命題論理を理解する推論者を，**1 型の推論者**と呼ぶ．つまり，彼の信じるすべての命題の集合は，すべての恒真式を含み，モドゥスポネンスに対して閉じている．［彼が命題 p を信じると同時に命題 $p \supset q$ を信じるならば，彼は命題 q を信じる．］もちろん，恒真式は無限に多く存在するわけだから，1 型の推論者は不死であるといった具合に，この定義は高度に理想化されていることをお断りしておこう．［ただし，このような些細な理想化は，数学の世界ではたいして問題

にならない.]

　この推論者には，もう1つのパワー（必ずしも必要ではないが，議論を簡潔にするもの）を授けることにしよう．これは，自然演繹の能力である．つまり，推論者が，前提 p を仮定することによって結論 q を導くことができれば，彼は $p \supset q$ を信じる．[おなじみの**演繹定理**により，この能力は推論者の信念の集合を拡大するわけではない.]

　正常型と安定型　推論者が命題 p を信じるならば，彼は自分が p を信じることを信じる（つまり，p を信じるならば Bp を信じる）とき，この推論者が**正常型**と呼ぶ．この逆が成立する場合，つまり，推論者が命題 Bp を信じる（自分が p を信じることを信じる）ならば p を信じるとき，この推論者を**安定型**と呼ぶ．安定型でない推論者を，**不安定型**と呼ぶ．不安定型の推論者は，少なくとも1つの命題に対して，自分が p を信じることを信じるにもかかわらず，実際には p を信じない．[つまり，推論者が不安定型であれば，彼は少なくとも1つの偽の命題を信じるため，正確な推論者は，自動的に安定型ということになる．しかし，安定性は正確性よりも弱い条件であり，真理性には関与しない．少し後で説明するように，不安定性は，ω 矛盾性と密接に関係している.]

　推論者が，命題 p を信じると同時に $\sim p$ も信じるとき，この推論者を**矛盾する**という．1型の推論者にとって，命題 $p \supset (\sim p \supset q)$ が恒真式であることから，（遅かれ早かれ）すべての命題を信じるという条件に等しい．任意の恒偽式 f に対して，1型の推論者が f を信じるとき，そしてそのときに限って，彼は矛盾する．[なぜなら，任意の命題 q に対して，$f \supset q$ が恒真式だから．]矛盾しない推論者を**無矛盾**と呼ぶ．

　安定型の推論者が，必ずしも無矛盾とは限らないことに注意してほしい．[事実，矛盾する1型の推論者は，すべての命題を信じることから，自動的に安定型ということになる！]一方，無矛盾な推論者は，必ずしも安定型ではない．

　さて，次の例題である．

　例題2　正常型の1型推論者がナイトとネイブの島を訪れたところ，住人は，「あなたは，私がナイトであると信じない」と発言した.
　　　推論者が無矛盾かつ安定型であれば，住人がナイトかネイブかを永遠に決定することができないことを証明せよ．具体的には，次の点を証明せよ.

I. 自己について推論する論理学者　　149

(1)　推論者が住人をナイトだと信じるならば，彼は矛盾する．

(2)　推論者が住人をネイブだと信じるならば，彼は矛盾するか不安定型となる．［解答は例題3の後にある．］

　　ω 無矛盾型の推論者　上記の2つの例題では，推論者がさまざまな命題をどのような順番に信じたのかは無関係だったが，次の2つの例題では，この順序も関係してくる．

　　ある日，推論者がナイトとネイブの島を訪れた．この日を第0日と呼ぼう．彼は，到着後のさまざまな日に，さまざまな命題を信じる．任意の命題pと自然数nに対して，推論者が（彼の到着後）n日目にpを信じるという命題を$B_n p$とおく．すでに定義したように，推論者が（遅かれ早かれ）pを信じるという命題は，そのままBpとおく．［よって，命題Bpは，命題$\exists n B_n p$と同値である．］さて，推論者が，少なくとも1個の命題pに対して（遅かれ早かれ）Bpを信じるにもかかわらず，すべての数nに対して（遅かれ早かれ）$\sim B_n p$を信じるとき，この推論者をω矛盾と呼ぶ．1型の推論者が（単純）矛盾であれば，彼は（遅かれ早かれ）すべての命題を信じることになり，自動的にω矛盾となる．よって，ω無矛盾型の1型推論者は，単純無矛盾となる．

　　次の例題において，推論者は，以下の3つの条件をみたすことにする．任意の命題pと自然数nに対して，

C_1：推論者が（彼の到着後）n日目にpを信じるならば，彼は$B_n p$を信じる．

C_2：推論者がn日目にpを信じないならば，彼は$\sim B_n p$を信じる．

C_3：推論者が$B_n p$を信じるならば，彼はBpを信じる．

　　条件C_1とC_2は，推論者が，過去の日々に，どの命題を信じ，どの命題を信じなかったかについて，完璧な記憶を持っていることを意味する．条件C_3は，推論者が，1階述語論理を多少なりとも知っていることを意味している．［彼は，$B_n p$を信じることから，特定の数nに対して，$\exists n B_n p$を信じるという推論を導くことができる．］

例題2A　［ゲーデルによる］　条件C_1，C_2，C_3をみたす1型推論者が，ナイトとネイブの島を0日目に訪れたところ，島の住人は，「あなたは，私がナイトであると信じない」と発言した．このとき，次の点を証明せよ．

150 第 XI 章 自己言及体系

(1) 推論者がこの住人をナイトだと信じるならば，彼は矛盾する．

(2) 推論者がこの住人をネイブだと信じるならば，彼は ω 矛盾する．［解答は例題 2 の解答の後にある．］

§3. ロッサー型の推論者

引き続き，推論者は，さまざまな命題をさまざまな日に信じると仮定する．

任意の命題 p と q に対して，推論者が n 日目に p を信じるが，まだ q を信じていないとき，この特定の n に対して，推論者は q を信じる**前**に p を信じる（記号では，$Bp < Bq$）ということができる．仮に，推論者が，p を信じるにもかかわらず q をけっして信じなければ，この場合にも，推論者は q を信じる前に p を信じると解釈できる．［なぜなら，彼が p を信じた最初の日に対して，彼はその日以前に q を信じていないから．］よって，$Bp < Bq$ と $Bq < Bp$ がともに真であることはない．

1 型推論者が，任意の命題 p と q に対して，q を信じる前に p を信じるならば，命題 $Bp < Bq$ と命題 $\sim(Bq < Bp)$ を信じるとき，この推論者を**ロッサー型**と呼ぶ．［再び，推論者が，過去の日々に，どの命題を信じ，どの命題を信じなかったかについて，完璧な記憶を持っていることに注意．］

例題 3 ［ロッサーによる］ ロッサー型の推論者がナイトとネイブの島を訪れたところ，島の住人は，「あなたは，私がネイブだと信じる前に私がナイトだと信じることはない」と発言した．［記号では，住人は $\sim(Bk < B\sim k)$ と発言したことになる．］

推論者が単純無矛盾であれば，この住人がナイトかネイブかを永遠に決定できないことを証明せよ．［推論者がどちらかに決定すると，彼は矛盾する．］

［例題 2 の解答］ 住民が $\sim Bk$ と発言したことから，推論者は命題 $k \equiv \sim Bk$ を信じることになる．

(1) 推論者が命題 k を信じると仮定する．そこで，彼は $k \equiv \sim Bk$ を信じると同時に 1 型であることから，命題 $\sim Bk$ を信じることになる．しかし，彼は k を信じると同時に正常型でもあることから，Bk も信じることになる．よって，彼は矛盾する．

I. 自己について推論する論理学者　　151

(2) 推論者が命題 $\sim k$ を信じると仮定する．そこで，彼は Bk を信じることになる．[なぜなら，彼は $k \equiv \sim Bk$ を信じると同時に1型であることから，$\sim k \equiv Bk$ を信じるから．] このとき，推論者が安定型であれば，彼は k を信じることになって，矛盾する．よって，彼は，不安定型か矛盾するかのいずれかである．

[例題2A の解答]　推論者は，命題 $k \equiv \sim Bk$ を信じることになる．

(1) 推論者が k を信じると仮定する．そこで，ある数 n に対して，彼は n 日目に k を信じる．よって，条件 C_1 により，彼は $B_n k$ を信じ，条件 C_3 により，Bk を信じることになる．しかし，彼は k と $k \equiv \sim Bk$ を信じているため，$\sim Bk$ を信じることになり，矛盾する．

(2) 推論者が $\sim k$ を信じると仮定する．そこで，彼は Bk を信じることになる．[なぜなら，彼は $k \equiv \sim Bk$ を信じる1型だから．] 推論者が単純無矛盾であれば，彼はけっして k を信じることはなく，よって，すべての数 n に対して，彼は n 日目に k を信じない．つまり，条件 C_2 により，すべての数 n に対して，彼は $\sim B_n k$ を信じることになる．しかし，彼は Bk を信じることから，ω 矛盾する．よって，推論者が単純無矛盾であれば，彼は ω 矛盾となり，彼が単純無矛盾でなければ，彼は明らかに ω 矛盾となる．したがって，推論者は，ω 矛盾である．

[注意]　例題2A の解答は，例題2の結果の系を表している．なぜなら，条件 C_1 と C_3 は，推論者が正常型であることを導き，条件 C_2 は，推論者が ω 無矛盾であれば，彼が安定型であることを導いている．この2つの事実の証明は，読者にお任せしよう．

[例題3の解答]　任意の命題 p に対して，命題 $Bp < B\sim p$ を $Q(p)$ とおく．すると，ロッサー型の定義により，推論者が p を信じるならば，彼は $Q(p)$ を信じることになり，推論者が $\sim p$ を信じるならば，彼は $\sim Q(p)$ を信じることになる．その理由を説明しよう．まず，推論者が p を信じると仮定する．彼が矛盾するならば，$Q(p)$ を含むすべての命題を信じることになり，無矛盾であれば，けっして命題 $\sim p$ を信じない．よって，彼は $\sim p$ を信じる前に p を信じ，$Bp < B\sim p$ すなわち命題 $Q(p)$ を信じることになる．同様に，推論者が $\sim p$ を信じるならば，彼は $\sim Q(p)$

を信じることになる．［彼は，同時に命題 $Q(\sim p)$ も信じることになるが，これは例題 3 の解答には関係しない．］

さて，住人が $\sim Q(k)$ と発言したことから，推論者は命題 $k \equiv \sim Q(k)$ を信じることになる．推論者が k を信じるならば，彼は $\sim Q(k)$ を信じ，同時に（上記に説明したように）$Q(k)$ も信じる．よって，推論者は矛盾する．推論者が $\sim k$ を信じるならば，彼は $Q(k)$ を信じ，同時に（これも上記に説明したように）$\sim Q(k)$ も信じることになり，やはり矛盾する．

§4. 無矛盾性の問題

次の 2 つの例題では，推論者がさまざまな命題を信じる順序を考慮する必要はないが，推論者の「内省的」性質を仮定しなければならない．［この性質は，論理式 $P(v_1)$ が 1 階述語論理の体系 $\mathscr{S}$ の証明可能述語を表すことの類推となっている．］

1 型推論者が任意の命題 p と q に対して次の 3 つの条件をみたすとき，彼を<u>上級</u>（または **4 型**）推論者と呼ぶ．

P$_1$：推論者が p を信じるならば，彼は Bp を信じる．［推論者は正常型である．］

P$_2$：推論者は，$B(p \supset q) \supset (Bp \supset Bq)$ を信じる．

P$_3$：推論者は，$Bp \supset BBp$ を信じる．

条件 P$_2$ は，推論者が，彼の信念はモドゥスポネンスに対して閉じていることを知っている，と言い換えることができる．［つまり，彼は，「もし私が p を信じ，p ならば q であると信じるならば，私は q を信じる」と信じている．］条件 P$_3$ は，推論者が，自分は正常型であることを知っている，と言い換えることができる．［つまり，彼は，任意の命題 p に対して，「もし私が p を信じるならば，私は自分が p を信じることを信じる」と信じる．］もちろん，上級推論者は，任意の恒真式 X に対して，BX を信じる（なぜなら，彼は 1 型かつ正常型だから）．要約すると，1 型かつ正常型であり，しかも自分が 1 型かつ正常型であることを知っている推論者が上級推論者である．

すべての命題 p に対して，p と $\sim p$ を同時に信じないと信じる推論者は，自分を無矛盾と信じていると言い換えることができる．1 型の推論者にとって，このことは，自分はけっして f（恒偽命題）を信じないと信じていることに等しい．よっ

て，1型の推論者が $\sim Bf$ を信じるならば，彼は自分を無矛盾と信じていることになる．

さて，上級推論者が $p \supset q$ を信じるならば，彼は $Bp \supset Bq$ を信じる．［なぜなら，正常型であることから，彼は命題 $B(p \supset q)$ を信じ，よって，条件 P_2 とモドゥスポネンスにより，彼は $Bp \supset Bq$ を信じる．］よって，上級推論者が命題 $p \equiv q$ を信じるならば，彼は $Bp \supset Bq$ と $Bq \supset Bp$ をともに信じることになる．したがって，上級推論者がナイトとネイブの島を訪れ，住人が命題 q と発言すれば，推論者は $k \equiv q$ を信じるばかりでなく（この点は，1型推論者と同様），$Bp \supset Bq$ と同時に $Bq \supset Bp$ を信じることになる．つまり，上級推論者は，「私が住人をナイトだと信じるならば，私は彼の発言を信じる」と（そして，この逆命題も）信じるわけである．

例題4 ［ゲーデルの第2不完全性定理による］　上級推論者がナイトとネイブ島を訪れると，島の住人が，「あなたは，私がナイトだと信じない」と発言した．このとき，推論者が，自分を無矛盾だと信じるならば，彼は矛盾することを証明せよ．言い換えると，推論者が無矛盾（そして，そのまま）であれば，彼はそのことを認識できないことを証明せよ．

［解答］　この例題の解答は，第IX章のように形式的に表現することもできるが，推論者が自然演繹を使うことができるという事実を用いれば，より簡単に理解できるだろう．ただし，推論者は，自分が使うことのできる議論を，遅かれ早かれ実際に使うように「プログラム」されていることにする．

そこで，推論者が，自分の無矛盾性を仮定するとしよう．すると，推論者は，遅かれ早かれ次のような議論によって矛盾に陥ることになるのである．「私は，住人がナイトだと信じるとしよう．そこで，私は，彼の発言を信じる．つまり，私は，住人がナイトだと信じない（しかも，ずっと）と信じることになる．ところが，私が住人をナイトだと信じるならば，私は住人をナイトだとまさに信じることを信じることになる（私は正常なのだから）．こうなると，私は矛盾してしまう！　しかし，私は無矛盾だから（もちろん！），彼はナイトだと信じるわけにはいかない．ところが，彼は，私は彼がナイトだと信じないと言った．結局，彼はナイトに違いない．」

この時点で，推論者は，住人がナイトだと信じることになる．推論者が正常型で

あることから，彼はさらに議論を続ける．「今，私は，住人をナイトだと信じている．ところが，彼は，私は彼がナイトだと信じないと言った．だから，彼はネイブに違いない．」

このようにして，推論者は矛盾に陥らざるをえない．

§5. 自己充足信念とレーブの定理

ここで，ある病気にかかり，信用のおける医者に診てもらっている上級推論者について考えてみよう．推論者は，医者に尋ねた．「私は治りますか？」医者は答えた．「この病気の原因は，主として心理的なものです．自分が治るという信念は，自己充足的なのです．あなたが，自分は治ると**信じる**ならば，あなたは治ります．」

推論者は，あまり満足せずに病院を後にした．彼は，医者の発言を信じているにもかかわらず，つい自問してしまう．「それにしても私は，どうすれば，自分が治ると信じていることを，知ることができるのだろう？」彼は，しばらく思い悩んだが，問題を解決することができず，ナイトとネイブの島で休暇を過ごすことにした．ある日，推論者は，島の呪術師と出会った．推論者は，この呪術師がナイトかネイブであることは知っていたが，どちらかは知らなかった．それにもかかわらず，悲嘆の底で，彼は，自分の状況を呪術師に打ち明けてしまった．彼は，次のように言った．「私は，主治医を信用しています．ですから，私が，自分は治ると信じさえすれば，治るはずなのです．ところが，私には，自分が治ると信じるだけの論理的な根拠がないのです．」呪術師は答えた．「あなたが，私をナイトだと信じるならば，あなたは治る．」

非常に興味深いことに，この発言によって，推論者は自分が治ると**信じる**ことができるのである．［そして，医者が正確であれば，彼は実際に治るのである．］

例題 5　［レーブの定理による］　これは，どのようにして証明できるか？

［解答］　解答に際しては，部分的に記号を使う方がわかりやすいだろう．まず，「推論者が治る」という命題を c とおく．推論者は，島を訪れた時点で，すでに命題 $Bc \supset c$ を信じている．その後，島の呪術師が命題 $Bk \supset c$ を告げた．［「呪術師はナイトである」という命題を k とおく．］よって，推論者は，命題 $k \equiv (Bk \supset c)$ を信じている．

推論者は，次のように推論する．「私は，呪術師がナイトだと信じることにしよう．そこで，私は，彼の発言を信じる．つまり，私は，$Bk \supset c$ を信じることになる．さて，彼をナイトだと信じると，私は，（正常だから）Bk も信じることになる．命題 Bk と $Bk \supset c$ をともに信じる以上，c を信じることになる．そして，c を信じるならば，私は，（医者の発言通りに）治ることになる．つまり，呪術師をナイトだと信じるならば，私は治る．そして，これは，まさに呪術師の発言通りだ．だから，彼はナイトに違いない！」

推論者は，正常型であることから，さらに推論を続けた．「今，私は，呪術師をナイトだと信じている．そして，私が呪術師をナイトだと信じるならば，自分が治ることも証明した．よって，私は治るに違いない．」

この時点で，推論者は，自分が治ると信じている．［そして，医者が正確であれば，彼は実際に治るだろう．］

問題 1 例題 1 の状況で，住人が次のように言ったとする．「あなたは，私がネイブだと信じるだろう．」この場合も，同じ帰結を導くだろうか？

問題 2 例題 2 の状況で，問題 1 の発言を考察せよ．

問題 3 例題 3 の状況で，住人が次のように言ったとする．「あなたは，私がナイトだと信じる前に私がネイブだと信じる．」［つまり，$B{\sim}k < Bk$ と言ったとする．］この場合も，同じ帰結を導くだろうか？

問題 4 例題 4 の状況で，呪術師が次のように言ったとする．「あなたが，私をナイトだと信じるならば，あなたは治ると**信じる**．」この発言は，推論者を救うことができるだろうか？

問題 5 呪術師が次のように言った場合はどうだろう．「私がナイトであればあなたは治る，とあなたは信じる．」

問題 6 呪術師が次のように言った場合はどうだろう．「あなたはけっして治らず，しかも，あなたは私をネイブだと信じる．」この発言は，推論者を救うことができるだろうか？［救うことができるのである！　なぜか？］

156   第 XI 章 自己言及体系

問題 7 呪術師が次のように言った場合はどうだろう？「あなたは，私をナイト
だと信じず，あなたが治るとも信じない．」この発言は，推論者を救うことが
できるだろうか？

問題 8 推論者は，医者にかからなかったとしよう．［よって，彼は，自分が治
ると信じるならば治るという信念を事前に持っていない．］この状況で，呪術
師が次のように言ったとする．
(1)「あなたが私をナイトだと信じるならば，あなたは自分が治ると信じる．」
(2)「あなたが私をナイトだと信じるならば，あなたは治るだろう．」
このとき，上級推論者は，自分が治ると信じることを証明せよ．

問題 9 キュートな問題．上級推論者がナイトとネイブの島を訪れたところ，住
人が次のように言った．「あなたは，他の惑星にも生命が存在すると信じる．」
このとき，推論者は，次のように**信じる**ことになることを証明せよ．「彼がナ
イトであれば，私は彼がナイトだと信じる．」

問題 10 住人が次のように言った場合はどうだろう？「私がナイトならば，あ
なたは私がナイトだと信じる，とあなたは信じる．」この発言によって，推論
者が，住人をナイトだと信じることになることを証明せよ．

II. 一般状況における不完全性定理

　以上の例題と解答は，本書で考察してきた不完全性定理のさまざまな証明に関す
る類推にすぎないと思われるかもしれない．しかし，実は，これらの問題と解答に
対応する不完全性定理は，より抽象化された一般的定理の特別な場合とみなすこと
ができるのである．この一般化された不完全性定理について説明しよう．
　$\mathcal{M}$ を次の要素によって構成される体系とする．
1. 集合 S．集合 S の要素は，**文**または**命題**（適用によって呼び方が変わる）と
呼ばれる．［ブール代数の要素と考えてもよい．］
2. 集合 S の要素 f．要素 f は，**偽**と呼ばれる．
3. 2 項論理結合子 ⊃．結合子 ⊃ は，S の要素のすべての順序対 (X, Y) に，S の

要素 $X \supset Y$ を割り当てる.

4. 集合 S の部分集合. この部分集合の要素は, $\mathscr{M}$ の **証明可能** な要素と呼ばれる.

5. 関数 B. 関数 B は, S のすべての要素 X に, S の要素 BX を割り当てる. [非形式的に, BX は X が S で証明可能であることを意味する.]

体系 $\mathscr{M}$ は, **抽象的証明可能体系**（または単に **証明可能体系**）と呼ばれる. 第 I 節の問題においては, S の要素は命題であり, Bp は「推論者は遅かれ早かれ p を信じる」という命題に解釈された.

本書で考察してきた証明可能述語 $P(v_1)$ を含む体系 $\mathscr{S}$ においては, 次のような証明可能体系 $\mathscr{M}(\mathscr{S})$ との対応を構成することができる. 体系 $\mathscr{M}(\mathscr{S})$ の文は, $\mathscr{S}$ の文であり, $\mathscr{M}(\mathscr{S})$ で証明可能な文は, $\mathscr{S}$ で証明可能な文であり, $\mathscr{M}(\mathscr{S})$ のすべての文 X に対して, BX には, $\mathscr{S}$ の文 $P(\overline{X})$ を対応させればよい.

抽象的証明可能体系に戻ろう. S の部分集合 V に対して, $f \notin V$ であると同時に, 任意の文 X, Y に対して, $X \notin V$ または $Y \in V$ のとき, そしてそのときに限って $X \supset Y \in V$ であれば, V を **付値集合** と定義する. 文 X がすべての付値集合に属するとき, X は **恒真式** と呼ばれる. 体系 $\mathscr{S}$ の部分集合 T に対して, T が付値集合であると同時に, すべての文 X に対して, 文 BX が T に属するとき, そしてそのときに限って X が $\mathscr{M}$ で証明可能であるならば, T を **真理集合** と定義する. 論理結合子 $\wedge, \vee, \equiv$ は, 通常の用法で定義し, $\sim X$ は, $X \supset f$ と定義する.

証明可能な要素の集合が, すべての恒真式を含むと同時に, モドゥスポネンスについて閉じている（X と $X \supset Y$ がともに証明可能であれば, Y も証明可能）とき, $\mathscr{M}$ を **1型** と呼ぶ. すべての証明可能な文 X に対して, 文 BX も証明可能であれば, $\mathscr{M}$ を **正常型** と呼ぶ. その逆（文 BX が証明可能であれば, X も証明可能）が成立するとき, $\mathscr{M}$ を **安定型** と呼ぶ. 要素 f が証明可能でないとき, $\mathscr{M}$ を **無矛盾** と呼ぶ. 文 $\sim Bf$ を, **consis** と呼ぶ. すべての文 X に対して, X が証明可能であれば QX も証明可能であり, $\sim X$ が証明可能であれば $\sim QX$ も証明可能であるとき, 文から文への関数 Q を, **ロッサー関数** と呼ぶ.

1型の体系 $\mathscr{M}$ のすべての文 X と Y に対して次の3つの条件が成立するとき, $\mathscr{M}$ を **4型** と呼ぶ.

P_1 : 文 X が $\mathscr{M}$ で証明可能であれば, BX も $\mathscr{M}$ で証明可能である. [つまり, $\mathscr{M}$ は正常型である.]

P_2 : 文 $B(X \supset Y) \supset (BX \supset BY)$ は, $\mathscr{M}$ で証明可能である.

158   第 XI 章　自己言及体系

　P_3：文 $BX \supset B(BX)$ は，$\mathscr{M}$ で証明可能である．

　第 I 節の例題 1—5 に関して，自己言及に関する設定を除くと，以下の定理 1—5 として抽象化することができる．

　定理 1　［タルスキーとゲーデルによる］　体系 $\mathscr{M}$ において，すべての証明可能な要素が属する真理集合 T が存在し，文 X に対して，$X \equiv {\sim}BX$ が T に属するとき，X も ${\sim}X$ も $\mathscr{M}$ で証明可能ではない（$X \in T$ にもかかわらず）．

　定理 2　［ゲーデルによる］　1 型かつ正常型の体系 $\mathscr{M}$ に対して，文 G は $G \equiv {\sim}BG$ が $\mathscr{M}$ で証明可能になるものと仮定する．
　（1）　文 G が $\mathscr{M}$ で証明可能であれば，$\mathscr{M}$ は矛盾する．
　（2）　文 ${\sim}G$ が $\mathscr{M}$ で証明可能であれば，$\mathscr{M}$ は矛盾するか，安定型ではない．

　定理 3　［ロッサーによる］　1 型の体系 $\mathscr{M}$ に対して，Q を $\mathscr{M}$ のロッサー関数とする．体系 $\mathscr{M}$ が無矛盾であり，任意の文 X に対して，$X \equiv {\sim}QX$ が $\mathscr{M}$ で証明可能であれば，X も ${\sim}X$ も $\mathscr{M}$ で証明可能ではない．

　定理 4　［ゲーデルの第 2 不完全性定理による］　4 型の体系 $\mathscr{M}$ に対して，$G \equiv {\sim}BG$ が $\mathscr{M}$ で証明可能になるような文 G が存在すると仮定する．このとき，体系 $\mathscr{M}$ が無矛盾であれば，文 **consis**（つまり，${\sim}Bf$）は，$\mathscr{M}$ で証明可能ではない．

　定理 5　［レーブによる］　4 型の体系 $\mathscr{M}$ に対して，$BX \supset X$ は $\mathscr{M}$ で証明可能であり，$Y \equiv (BY \supset X)$ が $\mathscr{M}$ で証明可能になるような文 Y が存在すると仮定する．このとき，X は $\mathscr{M}$ で証明可能である．

　定理 1—5 は，本書の最も重要な帰結を要約しているが，少し補足することがある．

　まず，定理 2 の系を導いてみよう．すべての文 X と自然数 n に対して，文 $\varPhi(X, n)$ を割り当てる関数 $\varPhi$ を証明可能体系 $\mathscr{M}$ に加える．［証明可能な文は，**段階的に証明される**とみなすのが自然だろう．文 $\varPhi(X, n)$ は，「X は第 n 段階で証明される」という命題を言及すると考えられる．］すべての文 X に対して，X が証

明可能であれば少なくとも 1 個の数 n に対して文 $\varPhi(X, n)$ が証明可能であり，文 X が証明可能でなければ $\sim\varPhi(X, n)$ はすべての数 n に対して証明可能である関数 $\varPhi$ は証明可能集合を**枚挙する**といい，$\varPhi$ を**枚挙関数**と呼ぶことにしよう．これに加えて，すべての文 X と自然数 n に対して，文 $\varPhi(X, n)$ が証明可能であれば BX も証明可能であるとき，$\varPhi$ を**妥当な**枚挙関数と呼ぶ．また，すべての文 X に対して，BX が証明可能であれば，少なくとも 1 個の数 n に対して $\sim\varPhi(X, n)$ が証明可能でないとき，$\mathscr{M}$ を $\varPhi$ に関して $\boldsymbol{\omega}$ **無矛盾**という．

定理 2A 体系 $\mathscr{M}$ は 1 型であり，$\varPhi$ を妥当な枚挙関数とする．このとき，文 G は $G \equiv \sim BG$ が $\mathscr{M}$ で証明可能になるものと仮定する．
(1) 体系 $\mathscr{M}$ が無矛盾であれば，G は $\mathscr{M}$ で証明可能でない．
(2) 体系 $\mathscr{M}$ が $\varPhi$ に関して ω 無矛盾であれば，$\sim G$ は $\mathscr{M}$ で証明可能でない．

ここで，関数 $\varPhi$ の妥当性は $\mathscr{M}$ の正常性を含意し，関数 $\varPhi$ に関する $\mathscr{M}$ の ω 無矛盾性は $\mathscr{M}$ の安定性を含意することに注意してほしい．よって，定理 2A は，定理 2 の系となる．

第 I 節の例題 2A の解答は，$\varPhi(X, n)$ を $B_n X$（推論者は，X を n 日目に信じる）とみなすことによって，定理 2A の特別な場合であることがわかる．

第 VIII 章の問題 5 についても，定理 2A の特別な場合として解くことができる．この問題では，証明可能な文のゲーデル数の集合を $\mathscr{S}$ において枚挙する論理式 $F(x, y)$ が与えられている．ここで，$\varPhi(X, n)$ を文 $F(\overline{X}, \overline{n})$ とおいて定理 2A を応用すればよいわけである．

定理 3 は，第 VIII 章の問題 6 を一般化している．ここでは，QX を文：

$$\exists y(F(\overline{x}, y) \wedge (\forall z \leq y)\sim G(\overline{x}, z))$$

とおく．よって，$\sim QX$ は，文：

$$\forall y(F(\overline{x}, y) \supset (\exists z \leq y)G(\overline{x}, z))$$

と論理的に同値である．

第 IX 章に関しては，定理 4 と定理 5 がまず条件 $\mathrm{P_1}$，$\mathrm{P_2}$，$\mathrm{P_3}$ の証明から得られることを思い起こしてほしい．ここから，$\mathscr{M}$ においては，任意の文 X，Y，Z に対して，次の 3 つの条件が成立する．

160 第 XI 章 自己言及体系

P_4：文 $X \supset Y$ が $\mathscr{M}$ で証明可能であれば，$BX \supset BY$ も $\mathscr{M}$ で証明可能である．

P_5：文 $X \supset (Y \supset Z)$ が $\mathscr{M}$ で証明可能であれば，$BX \supset (BY \supset BZ)$ も $\mathscr{M}$ で証明可能である．

P_6：文 $X \supset (BX \supset Y)$ が $\mathscr{M}$ で証明可能であれば，$BX \supset BY$ も $\mathscr{M}$ で証明可能である．

条件 P_1 と P_6 が，定理 4 と 5 の証明の中心的な鍵を握っている．[以下の問題 11—12 を参照．] 第 IX 章の §3 で述べたクライゼルの指摘が，抽象的証明可能体系にも相当することに注意してほしい．定理 4 は，$X = f$ の場合の定理 5 の特別な場合となっている．

問題 11 体系 $\mathscr{M}$ が 1 型であり，条件 P_6 をみたせば，条件 P_3 をみたすことを証明せよ．

問題 12 体系 $\mathscr{M}$ が 1 型で，条件 P_1 と P_6 をみたすとき，（よって，問題 11 により，条件 P_3 もみたすが，条件 P_2 をみたすとは限らない），$\mathscr{M}$ を 4^- 型と呼ぶ．ここで，$\mathscr{M}$ を弱い 4^- 型体系と仮定しても，定理 4 と 5 が成立することを証明せよ．

III. G 型 体 系

ペアノ算術に関するレーブの定理をすでに証明した．したがって，任意の $\mathscr{P.A.}$ の文 X に対して，$P(\overline{X}) \supset X$ が $\mathscr{P.A.}$ で証明可能であれば，X も $\mathscr{P.A.}$ で証明可能である．このことは，

$$P(\overline{P(\overline{X}) \supset X}) \supset P(\overline{X})$$

が算術の**真である文**であることを意味する．実際には，真であるばかりでなく，以下に示すように，$\mathscr{P.A.}$ で証明可能でもある．

証明可能体系 $\mathscr{M}$ が，4 型であり，すべての文 X に対して，

$$B(BX \supset X) \supset BX$$

III. G 型 体 系　　　　161

が $\mathcal{M}$ で証明可能であるとき，$\mathcal{M}$ を **G 型**と呼ぶ.

$\mathcal{M}$ のすべての文 X に対して，$Y \equiv (BY \supset X)$ が $\mathcal{M}$ で証明可能であるような文 Y が存在するとき，$\mathcal{M}$ を**反射的**と呼ぶ.［体系 $\mathscr{P}.\mathscr{A}.$ は，対角化可能であることから，反射的である.］体系 $\mathcal{M}$ のすべての文 X に対して，$BX \supset X$ が $\mathcal{M}$ で証明可能であれば，X も証明可能であるとき，$\mathcal{M}$ は**レーブの性質**を持つという.

定理 6　任意の 4 型体系 $\mathcal{M}$ に対して，次の条件は同値である.

　　C_1：体系 $\mathcal{M}$ は反射的である.

　　C_2：体系 $\mathcal{M}$ はレーブの性質を持つ.

　　C_3：体系 $\mathcal{M}$ は G 型である.

　もちろん，条件 C_1 が条件 C_2 を含意することは，すでに示した（定理 5 による）．条件 C_2 が条件 C_3 を含意することを証明するために，まず次の補助定理を示そう．以下，任意の文 X に対して，文 $B(BX \supset X) \supset BX$ を文 X^* とおく.

補助定理　体系 $\mathcal{M}$ が 4 型であれば，文 $BX^* \supset X^*$ は $\mathcal{M}$ で証明可能である.

［証明］　体系 $\mathcal{M}$ を 4 型とする．任意の文 X に対して，

$$B(B(BX \supset X) \supset BX) \supset (B(BX \supset X) \supset BX)$$

が $\mathcal{M}$ で証明可能であることを示せばよい．このためには，

$$(B(B(BX \supset X) \supset BX) \wedge B(BX \supset X)) \supset BX$$

が $\mathcal{M}$ で証明可能であることを示せば十分である．ここで，

$$Y = B(B(BX \supset X) \supset BX) \wedge B(BX \supset X)$$

とおく．よって，$Y \supset BX$ が $\mathcal{M}$ で証明可能であることを示せばよい．次の文は，すべて $\mathcal{M}$ で証明可能である.

　(1)　$Y \supset B(B(BX \supset X) \supset BX)$　［仮定より］

　(2)　$Y \supset B(BX \supset X)$　［仮定より］

　(3)　$B(BX \supset X) \supset BB(BX \supset X)$　［P_3 より］

　(4)　$Y \supset BB(BX \supset X)$　［(2) と (3) より］

162 　　第 XI 章　自己言及体系

(5)　$Y \supset BBX$　［(1) と (4) と P_2 より］

(6)　$B(BX \supset X) \supset (BBX \supset BX)$　［P_2 より］

(7)　$Y \supset (BBX \supset BX)$　［(2) と (6) と命題論理より］

(8)　$Y \supset BX$　［(5) と (7) と命題論理より］

［定理 6 の証明］　体系 $\mathscr{M}$ を 4 型とする．以下，条件 $C_1 \Rightarrow C_2 \Rightarrow C_3 \Rightarrow C_1$ を示す．

(1)　条件 $C_1 \Rightarrow C_2$ はすでに証明した．

(2)　条件 C_2 を仮定する．つまり，$\mathscr{M}$ はレーブの性質を持つとする．任意の文 X に対して，文 $BX^* \supset X^*$ は $\mathscr{M}$ で証明可能である（補助定理による）．ここで，$\mathscr{M}$ がレーブの性質を持つことから，X^* は $\mathscr{M}$ で証明可能である．すなわち，

$$B(BX \supset X) \supset BX$$

は $\mathscr{M}$ で証明可能である．よって，$\mathscr{M}$ は G 型である．

(3)　条件 C_3 を仮定する．つまり，$\mathscr{M}$ は G 型である．さて，文 $X \supset (BX \supset X)$ は恒真式であり，よって，$\mathscr{M}$ で証明可能である．そこで，条件 P_4 により，文 $BX \supset B(BX \supset X)$ は $\mathscr{M}$ で証明可能である．また，文 $B(BX \supset X) \supset BX$ も証明可能である（仮定より）．したがって，

$$BX \equiv B(BX \supset X)$$

は $\mathscr{M}$ で証明可能である．ここで，命題論理により，

$$(BX \supset X) \equiv (B(BX \supset X) \supset X)$$

も $\mathscr{M}$ で証明可能である．ゆえに，Y が文 $BX \supset X$ であるとき，

$$Y \equiv (BY \supset X)$$

は $\mathscr{M}$ で証明可能であり，$\mathscr{M}$ は反射的である．

［注意］

1. 上記の証明では，条件 C_3 から条件 C_1 を経由して条件 C_2 を証明したが，条件 C_3 が条件 C_2 を含意することは，もっと簡単に示すことができる．体系 $\mathscr{M}$ を G 型と仮定する．また，文 $BX \supset X$ が $\mathscr{M}$ で証明可能であるとする．

III. G 型 体 系　　　　　　　163

そこで，文 $B(BX \supset X)$ も $\mathscr{M}$ で証明可能となる．しかし，

$$B(BX \supset X) \supset BX$$

が $\mathscr{M}$ で証明可能であることから，BX も $\mathscr{M}$ で証明可能である．よって，
$BX \supset X$ が証明可能であることから，X も $\mathscr{M}$ で証明可能である．

2. また，条件 C_1 から条件 C_2 を経由して条件 C_3 を証明したが，直接証明では
   以下のようになる．

   文 $Y \equiv (BY \supset X)$ を $\mathscr{M}$ で証明可能にするような Y が存在すると仮定す
   る．このとき，次の文はすべて $\mathscr{M}$ で証明可能である．

   (1)　$Y \supset (BY \supset X)$　[仮定より]

   (2)　$(BY \supset X) \supset Y$　[仮定より]

   (3)　$BY \supset BX$　[(1) と P_6 より]

   (4)　$(BX \supset X) \supset (BY \supset X)$　[(3) と命題論理より]

   (5)　$(BX \supset X) \supset Y$　[(2) と (4) より]

   (6)　$B(BX \supset X) \supset BY$　[(5) と P_4 より]

   (7)　$B(BX \supset X) \supset BX$　[(3) と (6) より]

   [$\mathscr{M}$ が 4 型のとき，任意の文 X と Y に対して，文：

   $$B(Y \equiv (BY \supset X)) \supset (B(BX \supset X) \supset BX)$$

   も $\mathscr{M}$ で証明可能であるという強い帰結を導くこともできる．Boolos［1979］
   または Smullyan［1987］参照．]

問題 13　証明可能体系 $\mathscr{M}$ と，文の順序対から文への関数 $\varphi(x, y)$ を考察する．
ここで，すべての文 Y に対して，$X \equiv \varphi(X, Y)$ が $\mathscr{M}$ で証明可能であるよう
な文 X が存在するとき，関数 $\varphi(X, Y)$ は，**不動点性質**を持つという．ここで
は，以下の関数 φ_1ーφ_6 を考える．

$$\varphi_1(X, Y) = BX \supset Y$$

$$\varphi_2(X, Y) = BX \supset BY$$

$$\varphi_3(X, Y) = B(X \supset Y)$$

$$\varphi_4(X, Y) = B{\sim}X \wedge {\sim}Y$$

164   第 XI 章　自己言及体系

$$\varphi_5(X,Y) = B{\sim}X \land {\sim}BY$$

$$\varphi_6(X,Y) = {\sim}B(X \lor Y)$$

　文 X が**反射的**であることは，関数 φ_1 が不動点性質を持つことを意味する．
ここで，$\mathscr{M}$ を 4 型と仮定しよう．

(a)　体系 $\mathscr{M}$ が反射的であれば，関数 φ_1―φ_6 は，すべて不動点性質を持つこ
　　とを証明せよ．

(b)　関数 φ_1―φ_6 の**任意**の 1 つが不動点性質を持てば，$\mathscr{M}$ は反射的（よって
　　G 型）であることを証明せよ．

問題 14　問題 13（b）を用いて，問題 4―7 を解くことができる．その過程を説
　　明せよ．

IV. 様　相　体　系

　この節では，証明可能体系が，どのように**様相論理**と関係しているのか少しだけ
ふれておこう．

　様相論理は，本来は**必然的**な真理性（偶然的な真理性に対して）の概念を明確に
表現することを目的として発展し，その基礎となる記号 □ は，「必然である」と解
釈されてきた．しかし，近年では，この記号を「証明可能である」と解釈する新た
な様相論理が関心を集めている．

　様相論理の言語（以下に説明する形式言語）は，**命題変数**と呼ばれる可算無限個
の記号と，次の 5 種類の記号によって構成される．

$$\Box \quad \supset \quad \perp \quad (\quad)$$

　記号 $\perp$（$\top$ の逆）は，恒偽式を意味すると解釈することができる．[本書では，
Church［1956］に従って「f」を用いてきた．]

　様相論理式の集合は，次の規則によって帰納的に定義される．

(1)　命題変数および $\perp$ は様相論理式である．

(2)　任意の様相論理式 X，Y に対して，$(X \supset Y)$ は様相論理式である．

(3)　任意の様相論理式 X に対して，$\Box X$ は様相論理式である．

IV. 様 相 体 系

文 $\sim X$ は $X \supset \perp$ と定義し，他の論理結合子 $\wedge$, $\vee$, $\equiv$ は通常の定義に従う．

証明可能述語（より一般的には，抽象的証明可能体系）の研究で，特に注目を浴びているのは，3種類の様相公理体系（K, K_4, G）である．まず，基本的な公理系 K は，次の公理を持つ．

A_1：すべての恒真式．

A_2：すべての $\square(X \supset Y) \supset (\square X \supset \square Y)$ の形式の論理式．

公理系 K に次の公理を加えた体系が，公理系 K_4 である．

A_3：すべての $\square X \supset \square\square X$ の形式の論理式．

公理系 K_4 に次の公理を加えた体系が，公理系 G である．

A_4：すべての $\square(\square X \supset X) \supset \square X$ の形式の論理式．

これらの公理系の推論規則は，**モドゥスポネンス**（X と $X \supset Y$ から Y を推論する）および**必然化**（X から $\square X$ を推論する）である．

1 階算術体系 $\mathscr{S}$ に対して，証明可能体系 $\mathscr{M}(\mathscr{S})$ を抽象化したように，様相論理体系に対しても，対応する体系を抽象化することができる．様相論理の論理式によって構成される任意の公理系 M に対して，証明可能体系 $\mathscr{M}(M)$ を次のように定義する．$\mathscr{M}(M)$ の文は様相論理の論理式であり，$\mathscr{M}(M)$ の証明可能な文は M で証明可能な論理式であり，$\mathscr{M}(M)$ の関数 B は様相論理式 X に論理式 $\square X$ を割り当てるものとする．よって，$\mathscr{M}(K_4)$ が 4 型の公理系であり，$\mathscr{M}(G)$ が G 型の公理系であることは明らかである．すべての 4 型の公理系の定理は，様相体系 K_4 に適用でき，同様に，すべての G 型の公理系の定理は，様相体系 G に適用できる．

逆に，K_4 のすべての定理は，すべての 4 型の体系に適用でき，同様に，G のすべての定理は，すべての G 型の体系に適用できる．厳密には，任意の抽象的証明可能体系 $\mathscr{M}$ に対して，すべての様相論理式 X に文 $\varphi(X)$ を与える関数 φ を次のように定義することによって，（様相論理式を）**翻訳**する．

1. $\varphi(\perp) = f$.
2. $\varphi(X \supset Y) = \varphi(X) \supset \varphi(Y)$.
3. $\varphi(X) = Y$ であれば，$\varphi(\square X) = BY$.

すべての**命題変数**に $\mathscr{M}$ の文を与える任意の関数 φ_0 は，$\mathscr{M}$ への（すべての様相論理式の）単一の翻訳 φ に拡張することができることを，簡単な帰納法で示すことができる．様相論理式 X を $\mathscr{M}$ に**翻訳**することは，任意の翻訳 φ による任意の文 $\varphi(X)$ を意味する．したがって，$\mathscr{M}$ が 4 型であれば，任意の様相論理式 X に対

して，X が K_4 で証明可能であれば，そのすべての翻訳は $\mathcal{M}$ で証明可能となる．様相体系 G と G 型の公理体系も同様の関係を持つ．特に，X が G で証明可能であれば，そのすべての $\mathcal{P.A.}$ への翻訳は，$\mathcal{P.A.}$ 証明可能である．この逆を示す素晴らしい帰結は，ソロベイによって導かれ，彼の G の**完全性定理**と呼ばれる．すなわち，X のすべての $\mathcal{P.A.}$ への翻訳が $\mathcal{P.A.}$ で証明可能であれば，X は G で証明可能である．この定理の証明および様相体系 G（最近では大きな研究対象）に関する全体的な理論については，Boolos［1979］を参照してほしい．［この章に続いて，読者には Boolos-Jeffreys［1980］の第 27 章を参照してほしい．また，本章の第 I 節で紹介した「信念」を様相論理で解析するプロジェクトに興味をお持ちの読者は，Smullyan［1987］または Smullyan［1986］を参照．］

　Smullyan［1987］では，様相論理体系の**自己言及解釈**を導入した．命題変数の出現しない様相論理式を，**様相文**と呼ぶ．［Boolos［1979］では，「無文字文」と呼ばれている．］よって，すべての（無文字）文は，3 個の記号 □，⊃，⊥ および 2 個のかっこ記号（,）によって構成される．さて，様相体系 M における様相文 X が真であるのは，□ を M の証明可能性と解釈したときに**真である**ことと定義する．より厳密には，M における**真理性**を次のように帰納的に定義する．

1. ⊥ は M で真ではない．
2. $X \supset Y$ は，X が M で真ではないか，Y が M で真であるとき，そしてそのときに限って，M で真である．
3. □X は，X が M で証明可能であるとき，そしてそのときに限って，M で真である．

　すべての M で証明可能な文が M で真であるとき，様相体系 M は自己言及的に正確であるという．様相体系 K，K_4，G がそれぞれ自己言及的に正確であることを証明するのは，それほど困難ではない．［証明は，Smullyan［1987］を参照．］G が自己言及的に正確であることから，G が無矛盾であり，安定型であることもすぐに導かれる．［□□$X \supset$ □X の G における証明可能性は，その G における真理性を導き，よって，□X が G で証明可能であれば，X も G で証明可能である．同様の推論は K_4 にも適用できる．］G を自己言及的に解釈すると，文：

$$\sim\!\square\!\perp$$

は G の無矛盾性を言及することになる．［体系 G が無矛盾であるとき，そしてそのときに限って，この文は真である．］体系 G は無矛盾である以上，文 $\sim\!\square\!\perp$ は，

IV. 様 相 体 系　　　　　　167

実際に G で真であるにもかかわらず，G では証明不可能である（G 自体が G 型の体系だから）．したがって，様相体系 G は，自己の無矛盾性を証明することのできない，非常にシンプルな無矛盾体系の一例である．

問題 15　論理式 $\sim\Box X$ が G で証明可能になる論理式 X は存在しないことを証明せよ．

問題 16　証明可能体系 $\mathscr{M}$ のすべての文 X に対して，文 $BBX \supset BX$ が $\mathscr{M}$ で証明可能であれば，$\mathscr{M}$ は自己の安定性を証明できるといえる．

　　安定型かつ G 型の無矛盾な体系 $\mathscr{M}$ に対して，$\mathscr{M}$ は自己の安定性を証明できないことを証明せよ．［ただし，すべての $\Box\Box X \supset \Box X$ の形式の論理式が，様相体系 G で証明可能であるわけではない．］

参 考 文 献

Askanas [1975] *Formalization of a Semantic Proof of Gödel's Incompleteness Theorem*, (Doctoral dissertation), Graduate Faculty in Mathematics, The City University of New York. [Abstract: Journal of Symbolic Logic: 42, p.154.]

Boolos [1979] *The Unprovability of Consistency*, Cambridge: Cambridge University Press.

Boolos-Jeffrey [1980] *Computability and Logic*, (second edition), Cambridge: Cambridge University Press.

Carnap [1934] *Logische Syntax der Sprache*, Vienna: Springer.

Church [1956] *Introduction to Mathematical Logic I*, Princeton: Princeton University Press.

Ehrenfeucht-Feferman [1960] *Representability of Recursively Enumerable Sets in Formal Theories*, Archiv für Mathematische Logik und Grundlagenforshung: 5, pp.37–41.

Gödel [1931] *Über formal unentscheidbare Sätze der Principia mathatica und verwandter Systeme I*, Monatshefte für Mathematik und Physik: 38, pp.173–198.

Henkin [1952] *A Problem Concerning Provability*, Journal of Symbolic Logic: 17, p.160.

Hilbert-Bernays [1934–39] *Grundlagen der Mathematik*, Berlin: Springer, vol.1 (1934), vol.2 (1939).

Kleene [1952] *Introduction to Metamathematics*, New York: Van Nostrand.

Löb [1955] *Solution of a Problem of Leon Henkin*, Journal of Symbolic Logic: 20, pp.115–118.

Montague-Kalish [1964] *On Tarski's Formalization of Predicate Logic with Identity*, Archiv für Mathematische Logik und Grundlagenforshung: 7, pp. 81–101.

Mostowski [1952] *Sentences Undecidable in Formalized Arithmetic*, Amsterdam: North Holland.

Myhill [1955] *Creative Sets*, Zeitschrift für mathematische Logik und Grundlagen der Mathematik: 1, pp.97–108.

Putnam-Smullyan [1960] *Exact Separation of Recursively Enumerable Sets within Theories*, Proceedings of the American Mathematical Society: 11, pp.574–577.

Quine [1940] *Mathematical Logic*, New York: Norton.

Quine [1946] *Concatenation as a Basis for Arithmetic*, Journal of Symbolic Logic: 11, pp.105–114.

Robinson [1950] *An Essentially Undecidable Axiom System*, Proceedings of the International Congress of Mathematicians: 1, pp.729–730.

Rosser [1936] *Extensions of Some Theorems of Gödel and Church*, Journal of Symbolic Logic: 1, pp.87–91.

Shepherdson [1961] *Representability of Recursively Enumerable Sets in Formal Theories*, Archiv für Mathematische Logik und Grundlagenforshung: 6, pp.119–127.

Shoenfield [1961] *Undecidable and Creative Theories*, Fundamenta Mathematica: 49, pp.171–179.

Shoenfield [1967] *Mathematical Logic*, Reading: Addison Wesley.

Smullyan [1961] *Theory of Formal Systems*, Princeton: Princeton University Press.

Smullyan [1986] *Logicians Who Reason about Themselves*, New York: Morgan Kaufmann.

Smullyan [1987] *Forever Undecided*, New York: Alfred Knopf.

Tarski [1936] *Der Wahrheitsbegriff in den formalisierten Sprachen*, Studia Philosophica: 1, pp.261–405.

Tarski [1953] *Undecidable Theories*, (in collaboration with A. Mostowski and R. Robinson), Amsterdam: North Holland.

Tarski [1964] *A Simplified Formalization of Predicate Logic with Identity*, Archiv für Mathematische Logik und Grundlagenforshung: 7, pp.61–79.

監訳者あとがき

　本書『不完全性定理』は，Raymond Smullyan, *Gödel's Incompleteness Theorems* (Oxford: Oxford University Press, 1992) の「改訳版」である．

　原著の「旧訳版」は，『ゲーデルの不完全性定理』（高橋昌一郎訳，丸善，1996 年）として発行され，第 4 刷（2002 年）まで改訂を繰り返しながら増刷されたが，その後，絶版状態になっていた．

　近年，スマリヤンの論理学シリーズとして上梓した『記号論理学——一般化と記号化』（高橋昌一郎監訳・川辺治之訳，丸善，2013 年）と『数理論理学——述語論理と完全性定理』（高橋昌一郎監訳・村上祐子訳，丸善，2014 年）は，幸いにも多くの読者からご好評を頂戴した．そこで本書は，論理学シリーズの完結編として，同じ翻訳者チームで用語などを検討して，「改訳版」として上梓するに至った次第である．

　最初に感謝したいのは，東京大学名誉教授の藤本隆志氏と京都産業大学名誉教授の八杉満利子氏をはじめ，「旧訳版」にさまざまなコメントをくださった皆様に対してである．ここで改めて，厚く御礼を申し上げたい．

　本書作成に際しては，それらのコメントを参照しながら，川辺治之氏と村上祐子氏の順に訳文に加筆修正を加えていただき，最終的に私が確認を行う形式で作業を進めた．

　原著に混在していた証明の不明な箇所や誤植などについては，「旧訳版」を翻訳・改訂する段階で，スマリヤン氏に直接確認を取って修正した（彼はメール嫌いだったので，ファックスで何度もやり取りしたのは，懐かしい思い出である）．

　さらに今回の「改訳版」では念を入れるため，京都大学大学院の山森真衣子氏に改めて全定理の証明をチェックしていただき，そこで指摘された問題点について，訳者全員で確認しておいた．

読者は，『記号論理学』・『数理論理学』・『不完全性定理』の論理学シリーズ3冊を順に読破してくだされば，初歩的な論理パズルから出発して，形式的な不完全性定理の証明に至るまで，無理なく学習することができるはずである．

なお，スマリヤンは，原著の続編として，『メタ数学のための帰納理論』（*Recursion Theory for Metamathematics*, Oxford: Oxford University Press, 1993）および『対角化と自己言及』（*Diagonalization and Self-Reference*, Oxford: Oxford University Press, 1991）を同じオックスフォード大学出版局から発表している．

『メタ数学のための帰納理論』では，本書の内容を進める形で不完全性と決定不可能性に関する帰納理論が議論され，『対角化と自己言及』では，不動点定理を一般化することによって，帰納理論・組み合わせ論理・メタ数学の統一理論化が試みられている．

不完全性定理以降の進展に興味をお持ちの読者には，本書の姉妹編的な内容といえるスマリヤンの『数理論理学講義』上・下巻（田中一之監訳・川辺治之訳，日本評論社，2017–2018 年）をお勧めしておきたい．また，論理パズルを中心に不完全性定理の証明に到達したい読者のためには，『スマリヤンのゲーデル・パズル』（川辺治之訳，日本評論社，2014 年）が最適だろう．

さて，原著者のスマリヤンについては，『記号論理学』の「監訳者あとがき」・「スマリヤンの著作」でもご紹介したように，一流の論理学者であると同時にピアニスト・マジシャンでもあり，数学や哲学に関する解説書を数十冊以上著している「史上稀にみる奇才」である．

スマリヤンは，2017 年 2 月 6 日，97 歳で逝去した．彼の波乱万丈の人生については，自伝『天才スマリヤンのパラドックス人生——ゲーデルもピアノもマジックもチェスもジョークも』（高橋昌一郎訳，講談社，2004 年）に詳しく描かれている．

「レイモンド・スマリヤン追悼」（https://www.skeptics.jp/column/77-2017-02-11-05-37-32.html）でも彼の人生の一端に触れておいたので，ご参照いただければ幸いである．

本書の主題は，スマリヤンが単純化したことで知られる「ゲーデルの不完全性定理」であり，きわめて厳密なスタイルで定理の構成と証明が行われている

が，それでも通常の数理論理学のテキストには見られない，いかにもスマリヤンらしい創意工夫が随所に発揮されている．

すでに「旧訳版」の「訳者あとがき」で詳しく解説したことだが，『記号論理学会誌』に，かなり綿密な専門的書評が掲載されているので，そちらもご参照いただけたらと思う（Vladimir Uspensky and Valery Plisko, *Journal of Symbolic Logic*: 60, No.4, 1320–1324, 1995）．

訳者一同としては，原則的に，原著に忠実に翻訳したつもりである，ただし，次の点については，原著に修正・改良を加えてあることをお断りしておきたい．

(1) 明らかな誤植などのミスプリントを修正した．

(2) 字体を読みやすく修正した（体系 P. A. などをスクリプト体に，集合 P などをイタリック体にした）．

(3) 文献上の不備を修正した（原著の Mostowski [1952] などの発表年度の誤りや，Tarski [1936] などの文献の脱落を補った）．

(4) 索引を詳細にして英和対訳をつけた（原著索引は語数が少なく，重要語句が欠落している）．

(5) 原著は，体系 P. E. と体系 P. A. の数論性を "Arithmetic" と "arithmetic" と定義しているが，これでは文頭の大文字「A」と識別できない上，口頭でも判別できない．本書では「算術的 $_E$」と「算術的」に区別した．

(6) 翻訳に関しては，聞き慣れない用語を使用したこともご了承いただきたい．スマリヤンの造語 "Godelizer" や "strictly rudimentary function" などはもちろん，文脈によって意訳せざるをえない語句もある（たとえば，"consistency" は，体系の「無矛盾性」または推論の「整合性」を指す．また，"expressibility" と "representability" は，どちらも「表現可能性」と訳されることがあるが，本書においては基本的な対比概念であり，「言及可能性」と「表現可能性」に区別してある）．

(7) 原著で定義や説明が不十分な個所については，可能な限り訳注を付けた（たとえば，原著では「4 型」の前提が「1 型」であることが明確に定義されていないため，読者が混乱する可能性がある．原著には，この種の「暗黙の了解」や「古典論理が当然のように前提とされている記述」が散見されるため，できる限り本文を意訳して内容を補うように努めた）．

最後になったが，出版不況が深刻化していく中で，スマリヤンの論理学シリーズ3冊を企画し，編集し，発行にこぎつけてくださった丸善出版株式会社企画・編集部の三崎一朗氏に，訳者一同から感謝の意を表したい．

最近の世の中には，残念なことに，信じ難いほど偏見に満ちた書籍や，目も当てられないような虚偽を平気で垂れ流す書籍が溢れているが，今後も良心的な書籍が発行され続け，多くの読者の糧となることを願っている．

2019年11月

高 橋 昌 一 郎

索　引

●英数・ギリシャ文字●

1 型 [type 1]　147, 157

1 階述語論理 [first-order logic]　33, 67

1 階算術 [first-order arithmetic]　18

1 階理論 [first-order theory]　67

2 階述語論理 [second-order logic]　142

2 階算術 [second-order arithmetic]　18, 140, 142

4 型 [type 4]　152, 157

4^- 型 [type 4^-]　160

G 型 [type G]　160

K_{11}　38

Σ_0 完全 [Σ_0-complete]　79

Σ_0 論理式 [Σ_0-formula]　48

Σ_1 論理式 [Σ_1-formula]　49

Σ 論理式 [Σ-formula]　49

$\Omega_4 \cdot \Omega_5$ 拡張 [$\Omega_4 \cdot \Omega_5$-extension]　92

ω 規則 [ω-rule]　140

ω 不完全 [ω-incomplete]　88

ω 矛盾 [ω-inconsistent]　68

ω 無矛盾 [ω-consistent]　68

ω 無矛盾型 [ω-consistent type]　149

ω 無矛盾補助定理 [ω-Consistency Lemma]　73

●あ●

アスカナスの定理 [Askanas' Theorem]　142

安定型 [stable type]　148, 157

一般化 [generalization]　35

印字可能 [printable]　2

エーレンフォイヒト・フェファーマンの定理 [Ehrenfeucht-Feferman's Theorem]　106

●か●

拡　張 [extension]　68

関係ロッサー体系 [Rosser system for relations]　95

完　全 [complete]　12

完全分離する [exactly separate]　111

完全表現する [completely represent]　119, 121

偽 [falsehood]　156

帰納的 [recursive]　64

帰納的関係 [recursive relation]　120

帰納的枚挙可能 [recursively enumerable]　48, 50, 68

帰納的集合 [inductive set]　120, 140

帰納法 [induction]　19, 34, 139

ゲーデル化関数 [Gödelizer]　32

ゲーデル数 [Gödel number]　4, 7

ゲーデルの第 1 不完全性定理 [Gödel's First Incompleteness Theorem]　7, 43, 88, 128, 149, 158

ゲーデルの第 2 不完全性定理 [Gödel's Second Incompleteness Theorem]　131, 134, 142, 153, 158

ゲーデル・パズル [Gödelian puzzle]　2

ゲーデル符号化 [Gödel numbering]　3, 7, 26

ゲーデル文 [Gödel sentence]　9, 29, 87, 100, 126

決定可能 [decidable]　12

決定不可能 [undecidable]　5, 12

言及可能 [expressible]　6, 140

言及する [express]　22, 91, 129

言語 $\mathscr{L}$ [language $\mathscr{L}$]　12

言語 $\mathscr{L}_\text{A}$ [language $\mathscr{L}_\text{A}$]　57

言語 $\mathscr{L}_\text{E}$ [language $\mathscr{L}_\text{E}$]　17

原始帰納的関数 [primitive recursive function]　56

原子論理式 [atomic formula]　18

厳密基礎関数 [strictly rudimentary function]　56

項 [term]　18

恒偽式 [contradiction]　164

恒真式 [tautology]　157

構成的算術 [constructive arithmetic]　37, 48, 56

構成列 [formation sequence]　39

公理 [axiom]　33

公理化可能 [axiomatizable]　68, 105

公理スキーマ [axiom schema]　33

●さ●

最大フレーム [maximal frame]　54

採択可能 [acceptable]　127

シェファードソンの表現定理 [Shepherdson's Representation Theorem]　106, 114

シェファードソンの表現補助定理 [Shepherdson's Representation Lemma]　107

シェファードソンの分離定理 [Shepherdson's Separation Theorem]　111

式 [expression]　2, 5, 27

自己言及 [self-reference]　3

自己言及解釈 [self-referential

interpretation]　166

自己充足信念 [self-fulfilling belief]　154

指示する [designate]　20

次数 [degree]　19

集合ロッサー体系 [Rosser system for sets]　94

自由出現 [free occurrence]　18

充足する [satisfy]　6

述語 [predicate]　5

上位集合 [superset]　14, 131

証拠 [witness]　110

証明 [proof]　35

証明可能 [provable]　5, 35, 69, 71, 140, 157

証明可能述語 [provability predicate]　131

証明可能体系 [provability system]　157

真である [true]　2, 6, 21, 67, 87, 160, 166

信念 [belief]　145

真理集合 [truth-set]　6, 157

真理述語 [truth-predicate]　128

真理性 [truth]　132, 141, 166

推論規則 [inference rule]　33

推論者 [reasoner]　145

数集合 [number-set]　7

数項 [numeral]　17

算術公理 [arithmetic axiom]　33, 34

算術的 [arithmetic]　22

算術的 $_\text{E}$ [Arithmetic]　23

正確である [correct]　6, 21, 67, 166

正確に決定可能 [correctly decidable]　79

正常型 [norma l type]　148, 157

正則 [regular]　19

相互参照 [cross reference]　32

双対形式 [dual form]　13

双対定理 [dual theorem]　13, 72

束縛出現 [bound occurrence]　18

素数を底とする連結 [concatenation to prime base]　50

ソロベイの完全性定理 [Solovey's

索　　引　　　　　　　　　177

Completeness Theorem]　166

●た●

対角化 [diagonalizing]　8, 30
対角化可能 [diagonalizable]　133
対角化補助定理 [Diagonal Lemma]　9
対角関数 [diagonal function]　7, 30, 126
対角式 [diagonalization]　7
体系 ($\mathscr{Q}$)[system ($\mathscr{Q}$)]　82
体系 ($\mathscr{Q}_0$)[system ($\mathscr{Q}_0$)]　82
体系 ($\mathscr{R}$)[system ($\mathscr{R}$)]　82
体系 ($\mathscr{R}'$)[system ($\mathscr{R}'$)]　86
体系 ($\mathscr{R}_0$)[system ($\mathscr{R}_0$)]　82
体系 G[system G]　160, 165
体系 K[system K]　165
体系 K_4[system K_4]　165
体系 $\mathscr{L}$[system $\mathscr{L}$]　6
体系 $\mathscr{M}$[system $\mathscr{M}$]　156, 165
体系 $\mathscr{M}(M)$[system $\mathscr{M}(M)$]　165
体系 $\mathscr{M}(\mathscr{S})$[system $\mathscr{M}(\mathscr{S})$]　157, 165
体系 $\mathscr{N}$[system $\mathscr{N}$]　68
体系 $\mathscr{P\!.\!A\!.}$[system $\mathscr{P\!.\!A\!.}$]　47
体系 $\mathscr{P\!.\!A\!.}^+$[system $\mathscr{P\!.\!A\!.}^+$]　140
体系 $\mathscr{P\!.\!A\!.} + \{\sim G\}$[system $\mathscr{PA} + \{\sim G\}$]　88
体系 $\mathscr{P\!.\!E\!.}$[system $\mathscr{P\!.\!E\!.}$]　33, 39
体系 $\mathscr{P\!.\!E\!.}'$[system $\mathscr{P\!.\!E\!.}'$]　46
体系 $\mathscr{S}$[system $\mathscr{S}$]　67, 165
代入可能 [substitutable]　46
代入例 [instance]　19
妥当な枚挙関数 [adequate enumeration map]　159
タルスキーの定理 [Tarski's Theorem]　10, 32, 128, 141, 158
単純矛盾 [simply inconsistent]　67, 75
単純無矛盾 [simply consistent]　74, 87, 105
置　換 [replacement]　35
強い分離 [strong separation]　106

強く定義する [strongly define]　121
底 [base]　51
定義する [define]　119, 120, 121, 122

●な●

ナイト・ネイブのパズル [Knights-Knaves' Puzzle]　145
長　さ [length]　24

●は●

パトナム・スマリヤンの定理 [Putnam-Smullyan's Theorem]　114
パラドックス [paradox]　11
反射的 [reflexive]　164
反証可能 [refutable]　5, 35, 43, 71
反表現する [contrarepresent]　14
必然化 [necessitation]　165
表現可能 [representable]　121
表現関数 [representation function]　30
表現する [represent]　14, 69, 86, 91
標準形 [norm]　2
不安定型 [unstable type]　148
不完全 [incomplete]　12
付値集合 [valuation set]　157
不動点 [fixed-point]　126, 127
不動点性質 [fixed-point property]　163
部　分 [part]　36
部分系 [subsystem]　68
文 [sentence]　2, 5, 19, 156
分離可能 [separable]　93
分離する [separate]　93, 94, 102
分離補助定理 [Separation Lemma]　96
フレーム [frame]　54
ペアノ算術 [Peano Arithmetic]　17, 47
閉　包 [closure]　66
ベータ関数 [β-function]　56
ベータ関数定理 [β-Function Theorem]　56

ヘンキン文 [Henkin Sentence] 135

変形ゲーデル・パズル [variant of Gödelian puzzle] 3

変数帰納法 [course of values recursion] 64

翻訳 [translate] 165

●ま●

枚挙可能 [enumerable] 76, 86, 91

枚挙関数 [enumeration map] 159

枚挙する [enumerate] 73, 76, 86, 159

矛　盾 [inconsistent] 12, 148

無矛盾 [consistent] 12, 133, 148, 152, 157

命題論理 [propositional logic] 33

モドゥスポネンス [Modus Ponens] 35, 165

●や●

有限列 [finite sequence] 38

様相文 [modal sentence] 166

様相論理 [modal logic] 164

様相論理式 [modal formula] 164

弱い分離 [weak separation] 106

弱く定義する [weakly define] 121

●ら●

レーブの性質 [Löb propertyJ] 161

レーブの定理 [Löb's Theorem] 154, 158

列　数 [sequence number] 38, 54

連　結 [concatenation] 24

ロッサー型 [Rosser type] 150

ロッサー関数 [Rosser mapping] 157

ロッサー体系 [Rosser system] 95

ロッサーの定理 [Rosser's Theorem] 92, 128, 150, 158

ロッサー文 [Rosser sentence] 98, 100, 115

論理公理 [logical axiom] 33

論理式 [formula] 18

監訳者

高橋　昌一郎（たかはし・しょういちろう）

　ウエスタンミシガン大学数学科および哲学科卒業後，ミシガン大学大学院哲学研究科修士課程修了．現在は國學院大學教授．専門は論理学・哲学．主要著書に『理性の限界』『知性の限界』『感情の限界』『ゲーデルの哲学』（講談社現代新書），『反オカルト論』（光文社新書），『ノイマン・ゲーデル・チューリング』（筑摩選書），『哲学ディベート』（NHK ブックス），『科学哲学のすすめ』（丸善）など．主要訳書に『哲学ファンタジー』（ちくま学芸文庫），『天才スマリヤンのパラドックス人生』（講談社）など．

訳者

川辺　治之（かわべ・はるゆき）

　東京大学理学部数学科卒業．現在，日本ユニシス株式会社上席研究員．主要訳書に『スマリヤン先生のブール代数入門』『アラビアン・ナイトのチェスミステリー』（共立出版），『この本の名は？』『スマリヤンのゲーデル・パズル』『スマリヤン数理論理学講義 上・下』（日本評論社），『スマリヤン記号論理学』（丸善）など．

村上　祐子（むらかみ・ゆうこ）

　東京大学大学院理学系研究科修士課程修了後，インディアナ大学大学院博士課程修了．現在は立教大学特任教授．専門は情報哲学．主要著書に『科学技術をよく考える』（名古屋大学出版会），『エニグマ アラン・チューリング伝 下』（勁草書房），『スマリヤン数理論理学』（丸善）など．

スマリヤン
不完全性定理　［改訳版］

令和元年 12 月 25 日　発　行

監訳者	高　橋　昌　一　郎	
訳　者	川　辺　治　之	
	村　上　祐　子	
発行者	池　田　和　博	

発行所　**丸善出版株式会社**

〒101-0051 東京都千代田区神田神保町二丁目 17 番
編集：電話 (03) 3512-3266／FAX (03) 3512-3272
営業：電話 (03) 3512-3256／FAX (03) 3512-3270
https://www.maruzen-publishing.co.jp

ⓒ Shoichiro Takahashi, Haruyuki Kawabe, Yuko Murakami, 2019

組版印刷・大日本法令印刷株式会社／製本・株式会社 松岳社

ISBN 978-4-621-30478-5　C 3041　　　　Printed in Japan

本書の無断複写は著作権法上での例外を除き禁じられています．